国家“十二五”重点图书出版规划项目
国家科技部：2014年全国优秀科普作品

新能源在召唤丛书
XINNENGYUAN ZAIZHAOHUAN CONGSHU
HUASHUO HENENG

话说核能

翁史烈　主编　吴　沅　著

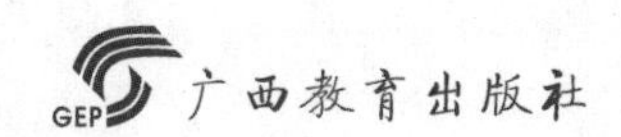
广西教育出版社

出版说明

科普的要素是培育，既是科学知识、科学技能的培育，更是科学方法、科学精神、科学思想的培育。优秀科普图书的创作、传播和阅读，对提高公众特别是青少年的素质意义重大，对国家、民族的和谐发展影响深远。把科学普及公众，让技术走进大众，既是社会的需要，更是出版者的责任。我社成立 30 多年来，在教育界、科技界特别是科普界的支持下，坚持不懈地探索一条面向公众特别是面向青少年的切实而有效的科普之路，逐步形成了“一条主线”和“四个为主”的优秀科普图书策划组织、编辑出版的特色。“一条主线”就是：以普及科学技术知识，弘扬科学人文精神，传播科学思想方法，倡导科学文明生活为主线。“四个为主”就是：一、内容上要新旧结合，以新为主；二、形式上要图文并茂，以文为主；三、论述上要利弊兼述，以利为主；四、文字上要深入浅出，以浅为主。

《新能源在召唤丛书》是继《海洋在召唤丛书》《太空在召唤丛书》之后，我社策划组织、编辑出版的第三套关于高科技的科普丛书。《海洋在召唤丛书》由中国科学院王颖院士担任主编，以南京大学海洋科学研究中心为依托，该中心的专家学者为主要作者；《太空在召唤丛书》由中国科学院庄逢甘院士担任主编，以中国航天科技集团旗下的《航天》杂志社为依托，该社的科普作家为主要作者。这套《新能源在召唤丛书》则由中国工程院翁史烈院士担任主编，以上海市科协旗下的老科技工作者协会为依托，该协会的会员为主要作者。前两套丛书出版后，都收到了社会效益和经济效益俱佳的效果。《海洋在召唤丛书》销售了 5 千多套，被共青团中央列入“中国青少年 21 世纪读书计划新书推荐”书目；《太空在召唤丛书》销售了 1 万多套，获得了科技部、新闻出版总署（现国家新闻出版广电总局）

颁发的全国优秀科技图书奖，并被新闻出版总署（现国家新闻出版广电总局）列为“向全国青少年推荐的百种优秀图书”之一。这套《新能源在召唤丛书》出版 3 年多来不仅销售了 3 万多套，而且显现了多媒体、多语种的融合，社会效益非常显著：

——2013 年被增补为国家“十二五”重点图书出版规划项目；

——2014 年被科技部评为全国优秀科普作品；

——2015 年被广西新闻出版广电局推荐为 20 种优秀桂版图书之一；

——2016 年其“青少年新能源科普教育复合出版物”被列为国家“十三五”重点图书出版规划项目，摘要制作的《水能概述》被科技部、中国科学院评为全国优秀科普微视频；其中 4 卷被广西新闻出版广电局列入广西农家书屋推荐书目；

——2017 年其中 2 卷被国家新闻出版广电总局列入全国农家书屋推荐书目，4 卷被广西新闻出版广电局列入广西农家书屋推荐书目，更有 7 卷通过版权贸易翻译成越南语在越南出版。

我们知道，新能源是建立现代文明社会的重要物资基础；我们更知道，一代又一代高素质的青少年，是人类社会永续发展最重要的人力资源，是取之不尽、用之不竭的“新能源”。我们希望，这套丛书能够成为新能源时代的标志性科普读物；我们更希望，这套丛书能够为培育科学地开发、利用新能源的新一代建设者提供正能量。

广西教育出版社

2013 年 12 月

2017 年 12 月修订

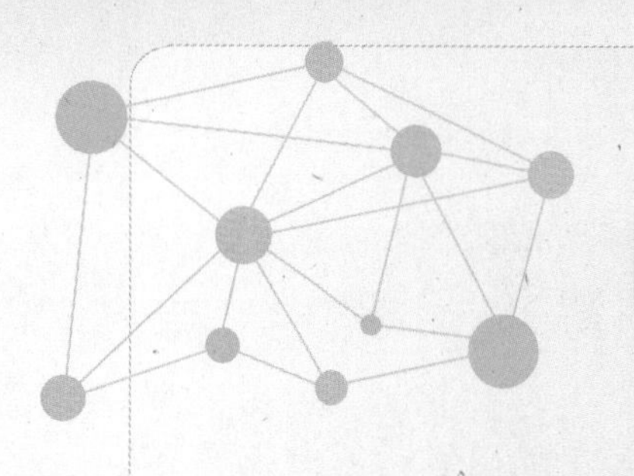

主编寄语

建设创新型国家是中国现代化事业的重要目标，要实现这个宏伟目标，大力发展战略性新兴产业，努力提高公众的科学素质，坚持做好科学普及工作，是一个重要的任务。为快速发展低碳经济，加强环境保护，因地制宜，积极开发利用各种新能源，走向世界的前列，让青少年了解新能源科技知识和产业状况，是完全必要的。

为此，广西教育出版社和上海市老科技工作者协会合作，组织出版一套面向青少年的《新能源在召唤丛书》，是及时的、可贵的。两地相距两千多公里，打破了地域、时空的限制，在网络上联络而建立合作关系，本身就是依靠信息科技、发展科普文化的佳话。

上海市老科技工作者协会成立于1984年，下设十多个专业协会与各工作委员会，现有会员一万余人，半数以上具有高级职称，拥有许多科技领域的专家。协会成立近30年来开展了科学普及方面的许多工作，不仅与出版社合作，组织出版了大量的科普或专业著作，而且与各省、市建立了广泛的联系，组织科普讲师团成员应邀到当地讲课。此次与广西教育出版社合作，出版《新能源在召唤丛书》，每一册都是由相关专家精心撰写的，内容新颖，图文并茂，不仅介绍了各种新能源，而且指出了在新能源开发、利用中所存在的各种问题。向青少年普及新能源知识，又多了一套优秀的科普书籍。

相信这套丛书的出版，是今后长期合作的开始。感谢上海老科协的专家付出的辛勤劳动，感谢广西教育出版社的诚恳、信赖。祝愿上海老科协专家们在科普写作中快乐而为、主动而为，撰写出更多的优秀科普著作。

翁史烈

2013年11月

主编简介

翁史烈：中国工程院院士。1952年毕业于上海交通大学。1962年毕业于苏联列宁格勒造船学院，获科学技术副博士学位。历任上海交通大学动力机械工程系副主任、主任，上海交通大学副校长、校长。曾任国务院学位委员会委员，教育部科学技术委员会主任，中国动力工程学会理事长，中国能源研究会常务理事，中欧国际工商学院董事长，上海市科学技术协会主席，上海工程热物理学会理事长，上海能源研究会副理事长、理事长，上海市院士咨询与学术活动中心主任。

写在前面

核能是20世纪出现的一种新能源。在此以前的漫长岁月里，人们没有想到会有如此巨大能量的核能存在，核能一直在沉睡中！直到20世纪才被人类发现。核能是人类近代最重要的发现之一。有这样一个传说，一个牧人在希拉山洞中发现一个被神仙用过的酒杯，如果是善良的人使用它，酒杯中会流出甘甜的琼浆玉液，一旦落到恶人手中，酒杯会对恶人吐出毒汁和烈焰。科学技术在人们的心中就是这样一个圣杯！核能掌握在和平人们的手中，它将流出源源不断的清洁能源，为人类造福！当然，核能也会造就原子弹、氢弹等大规模杀伤性武器，但这并不是核能的过错。

在第二次世界大战中一个普通的日子——1942年12月2日，世界上第一座核反应堆运转成功。这个日子成为人类跨入原子时代的标志性时刻。从这时起，人类开始掌握了全新的能源——核能！沉睡中的核能被唤醒了。世界上第一座核反应堆是由当时美国哥伦比亚大学教授、杰出的物理学家恩里科·费米所领导的研究小组建造的。其中还有一个耐人寻味的故事：迫于当时战争形势，反应堆的建造必须高度保密，为了掩人耳目，采取了“哪里看似

美国杰出的物理学家恩里科·费米

最不安全就最安全”的策略，将这座反应堆建造在芝加哥大学斯塔格橄榄球场西看台底下的一个现成壁球厅里。壁球厅被改装成“冶金实验室”，1942年12月1日正式建成，后被命名为“芝加哥一号堆”。它宽9米、长近10米、高约6.5米，重1400吨，其中装有52吨铀和铀化合物，但输出功率仅为200瓦。次日下午15时25分试验开始，至15时31分结束，试验结果证明，世界上第一座核反应堆获得成功！真的，人们根本不会想到，在一个大众场所下面会有高科技的绝密工程，而且在那里完成了改变人类历史的里程碑式试验。

在核能被发现以后，伟大的科学家爱因斯坦据此提出了著名的质能关系理论。他认为，质量可以转变为能量，而且这种转变所释放出来的能量是极其惊人的，因为被释放出来的能量会和光速的平方联系在一起！人们只要能驾驭这种神奇的能量，何愁能源会出现匮乏?!

谈到核能，对大多数青少年朋友来说，还是具有神秘色彩的。本书将尽量以通俗易懂的语言阐述核能的基本知识和主要用途，着重介绍核工业、核电站、核燃料以及核废料的处理，并展示核能的应用和展望核能的未来，配以大量的图片，做到图文并茂，使读者能更直观地走近核能，了解核能，如果有兴趣的话，还可以更深入地去探索核能的奥秘。

由于作者水平有限，本书内容难免会有遗漏和不当之处，请读者批评指正。

吴昀

2013年7月

目录
Contents

目录
Contents

目录
Contents

开头的话

20世纪是一个科技成果丰硕的世纪，其伟大科技成果之一是人们打开了核能利用的大门。核能的利用是从制造和使用核武器开始的，1945年8月6日和9日，美国把装有铀-235和钚-239的两颗原子弹（即“小男孩”和“胖子”）先后投掷到日本的广岛和长崎，震惊了世界！核能的和平利用则始于20世纪50年代初期，至20世纪70年代，进入了发展核电站的高潮。由于美国三里岛核事故，特别是苏联切尔诺贝利核电站事故的影响等原因，一度使核电站的建设进入低潮。近年来，国际上经过分析论证，重新又对核安全树立起了信心。预计在21世纪中期，核能的利用又会进入高潮，因为从长远来看，人类终将依靠核能，发展核能是必由之路！

人类能够进入核能时代，我们不会忘记科学家们的潜心研究和献身精神。由于他们的贡献，才能在核物理领域内获得了几大重要发现，才奠定了核能利用的基础，才能书写出核能不平凡的发展历史！

让我们简要回顾核能发展的历史：

1896年，法国物理学家安东尼·亨利·贝克勒尔（1852—1908）在研究铀矿的荧光现象时，发现它们能自发地发射出可使照相底片感光但却看不见的射线，这些射线由α射线、β射线和γ射线组成，他将物质能发射射线的性质称为放射性。1898年，法国物理学家P. 居里和居里夫人从铀矿石中分离出新的放射性元素镭。1911年，英国核物理学家E.卢瑟福确立了组成物质的原子核结构，1919年，他和同

法国物理学家安东尼·亨利·贝克勒尔

事们用α射线去轰击氮核获得了质子，首次由人工实现了核转变。更具重大意义的是在1932年，英国物理学家J.查德威克在一次核反应实验中发现了中子，J.查德威克也因此获得了1935年诺贝尔物理学奖。中子的发现被誉为原子科学发展的第二个重大发现（第一个重大发现是放射性现象的发现）。正是在发现中子的启示下，苏联的伊凡宁柯和德国的海森堡先后提出了原子核是由质子和中子组成的论断，使长期存在的原子核结构问题得到了初步解决。

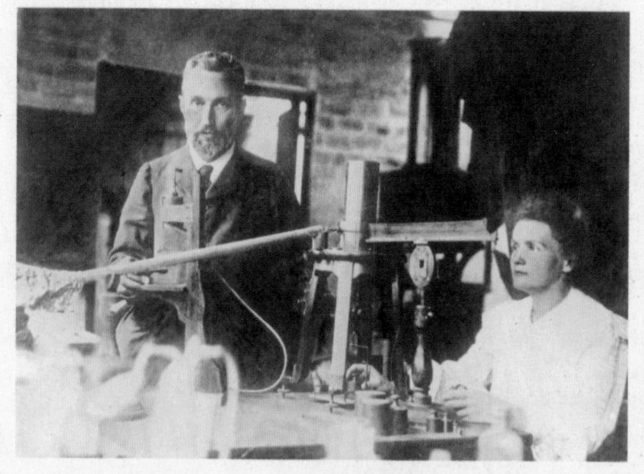

法国物理学家P.居里和居里夫人

英国核物理学家 E.卢瑟福

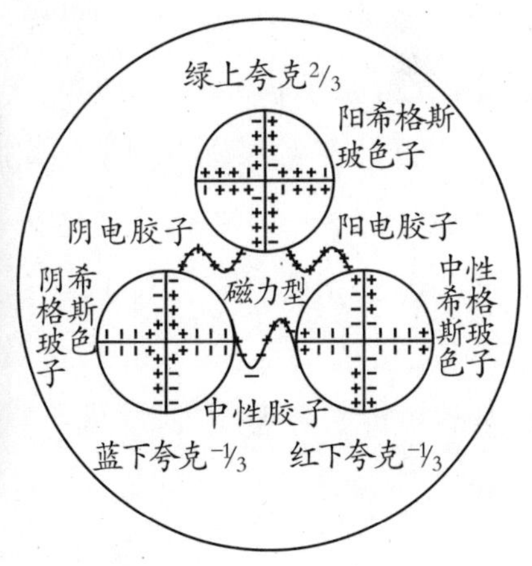

英国物理学家 J.查德威克和中子图

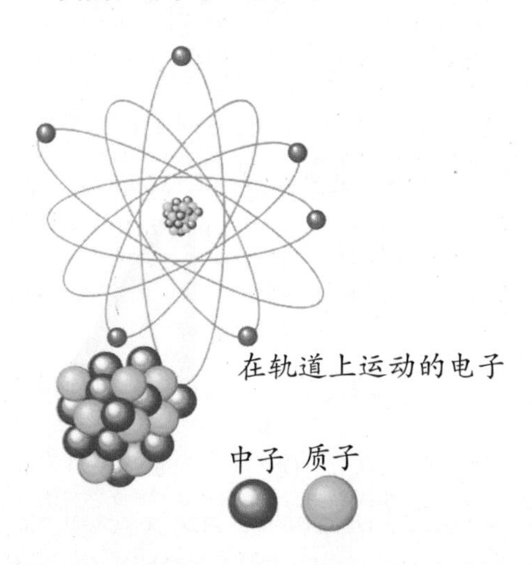

原子核由带正电荷的质子和中性粒子——中子组成

德国科学家哈恩

中子的发现不仅为揭开原子核结构的组成铺平了道路，而且还为核聚变现象的发生和链式裂变反应的建立提供了最重要的前提，使人们认识到，中子是开启核能宝库的一把金钥匙！1938 年，德国科学家哈恩和 F.斯特拉斯曼在用中子轰击铀金属的实验时，发现了铀核裂变为两个碎片（两个新原子核）这一现象，经各国科学家实验证实铀核确实被分裂了，而且在铀核被裂变时释放出巨大能量的同时，还会放出 2～3 个中子，这 2～3 个中子又会打碎另外 2～3 个铀核，产生 2～3 倍的能量，再放出 4～6 个中子……这样的反应被称为链式反应。意味着极其微小的中子，将有能力释放出已经沉睡在大自然几十亿年的无比巨大的核能！哈恩也因发现了核裂变反应而荣获 1944 年诺贝尔化学奖。虽然与哈恩并肩研究的女科学家 F.斯特拉斯曼与诺贝尔化学奖擦肩而过，但值得欣慰的是 1966 年 F.斯特拉斯曼等科学家均获得了“恩里科·费米”奖！

1939 年春，恩里科·费米等科学家再一次确认了哈恩提出的铀核裂变并可放出 2～3 个中子的结论。从而在理论上证明了铀发生自持裂变链式反应的可行性，迎来了核能利用的曙光！

1942 年 12 月 2 日，在恩里科·费米领导下建成了世界上第一座核反应堆，从实践上验证了核能利用的可行性，从此拉开了核能利用的序幕。

1951 年 12 月，美国建成了实验增殖堆一号，首次利用核能发电。1954 年 6 月，苏联建成了第一座实验性石墨沸水堆核电站。自该核电站建成以来，核能利用经历了开发、发展和受阻三个阶段。

一　开发阶段

开发阶段为1950年至1965年。这是一个各国根据自己的资源、需求和实力制定核能发展路线和具体实施的阶段，建成了多种原型核电站，同时通过推陈出新，逐步形成了各国发展核电的主导堆型。当时，美国、苏联、英国、法国4个国家建成了核电站，但这些核电站单堆功率小、经济性差且堆型多。到1960年，全世界核电站装机容量总共只有859MW。

美国为了解决核燃料资源和发电问题，开发了钠冷快中子增殖堆的研究，并于1955年建成了世界上第一艘核潜艇"鹦鹉螺"号。当时美国对民用核电也有很高的积极性，靠其雄厚的经济实力，研发了几乎所有堆型的实验堆，至1957年成功研制了60MW的原型压水堆核电站，接着又在1960年建成200MW的德累斯顿原型沸水堆核电站。这两种采用轻水的反应堆在经济性、可靠性和安全性上的优点都显得很突出，因此成为以后美国乃至全世界发展核电采用的主要堆型。

1955年美国建成世界上第一艘核潜艇"鹦鹉螺"号

苏联在第一座实验性核电站建成后，于 1959 年建造了采用压水堆作为动力的破冰船。进而于 1964 年分别建成了 102MW 原型石墨沸水堆核电站和 265MW 原型压水堆核电站，它们成为苏联发展核电的主导堆型。

英国在当时选择用天然铀为燃料的堆型，在 1956 年至 1959 年，先后建成 8 座产钚和发电两用的 50MW 原型石墨气冷堆，并能成批建造，电功率也成倍扩大，在开发阶段末建造出 235MW 的核电站。

法国在开发阶段研制的堆型几乎和英国相同，但比英国要滞后，到 1952 年才建成 70MW 的石墨冷气堆，而随后速度加快，平均一年半时间可建造一座，功率最大达 210MW。

需要指出的是，上述三国在开发阶段里也研发出与美国相同的实验型钠冷快中子增殖堆，如苏联建造的 5MW BR-5 快堆，英国建造的 14MW DFR 快堆，法国建造的 20MW Rapsodie 快堆。至于美国，在 1964 年又建成了 EBR-Ⅱ实验增殖堆。

加拿大在研发核电站时则另辟蹊径，走完全自主创新之路，于 1962 年建成了 25MW 的 NPD 天然铀重水反应堆。

二　发展阶段

发展阶段为 1966 年至 1980 年。这个阶段核能技术趋于成熟，达到了商业化程度。巧合的是，各国在经济上正处于高速发展时期却遇到了 1973 年出现的世界性第一次石油危机，在这样的背景下迎来了对核电需求的高峰，以美国的核电订货为例，1967 年为 25.6GW（1GW＝1000MW），1973 年和 1974 年两年共为 66.9GW！美国还开放了出口轻水堆技术和供应富铀矿。受此影响，法国、瑞典、西欧和日本等放弃了原来的反应堆型，转向以低富铀矿为燃料的轻水堆。

总的来讲，各国的核电发展路线还是不相同的，比如法国和日本因无石油资源支撑，在 1973 年后发展核电的步伐大大加快！即使在 1980 年后，核电发展受阻的形势下，法国仍坚持走自主发展核电的道路。因此，到 1987 年又建成了 20 座 900MW 核电站，同时在该期

间又投入开发了10多座1300MW的核电站，使法国的核能占本国总能源的比例从1973年的1.8%跃升到1990年的32.4%。日本借助引进美国核电技术，走上了稳步发展的道路，最终实现了自主设计和建造核电站的目标。

联邦德国和瑞典各自独立开发轻水堆技术，英国则继续发展气冷堆和先进气冷堆核电站。它们分别建立了本国的核电工业体系。

苏联则在国内独立发展自己的核电工业，该国除成批建造1000MW的石墨沸水堆核电站外，还先后开发并建造了440MW和1000MW压水堆。

加拿大在1967年建成了200MW核电站后，又逐步建成了250MW、500MW和770MW的一批CANDU型核电站，并享有盛名。

在此阶段，快中子增殖堆建设也迈出了一大步。法国的Phenix、苏联的BN-300、英国的PFR等原型堆和美国的FFTF快通量试验堆相继建成。

到1980年年底，全世界共建成300余座核电站，总装机容量达180GW。在此阶段，核电年增长率达到26%，可谓高速发展。

三　受阻阶段

受阻阶段为1981年至2000年。核能经过前15年的高速发展之后，面临1979年世界第二次石油危机和各国经济发展速度迅速减缓的严峻形势，加上大规模采取节能措施和产业结构调整，各国对电力需求的增长率大幅下降。例如，1980年只增长了1.7%，而1981年却下降了2.3%。新建的核电站项目大部分被推迟或停建，大量订货合同被取消。由此可以清楚地看出，核电发展之路受阻。

其次，接连发生的核电站事故，如1979年3月的美国三里岛事故和1986年4月的苏联切尔诺贝利事故，尤其是后者造成的人员伤亡、大面积环境污染，使公众对核电的安全性产生了怀疑，这给核电发展蒙上了一层浓浓的阴影。不久，意大利、瑞士、奥地利（后来还

有德国）决定停止发展核电。

尽管如此，在该阶段的后期，各先进工业国仍在为核电站的安全性和经济性研究继续作出不懈的努力。例如，美国开发了先进的压水堆，而且与日本共同设计开发了先进的沸水堆；苏联采取多种技术措施，开发出改良型压水堆；法国相继建成了10余座压水堆核电站，使其核电占有率达到了76%；加拿大建成了14座CANDU型核电站，其中标准化的CANDU-6型成为世界上技术较成熟的核电站；最突出的是韩国在此20年内共建成了15座核电站，总发电容量约为13GW。有关我国核电的发展本书会在后面作详细介绍。

因此，从全球来看，核电发展虽然受阻，但核电仍蕴藏着无法预见的发展潜力。在21世纪中期，核能利用必将再次迎来新的高潮！

另一方面，核电如果按照其科技难度的不同，可分为热中子反应堆、快中子增殖堆和可控聚变堆三步，它们互相交叉衔接，逐步进入实用阶段。

第一步是热中子反应堆，现已进入实用阶段。目前世界上正在运行的400多座核电机组，除少数几座外，都是热中子反应堆。热中子反应堆核电站的主要缺点是核燃料的利用率很低。在开采、精炼出来的铀中，只有1%能在热中子堆中裂变产生核能，其余99%都将作为贫铀（铀-238）积压下来，要待快中子增殖堆建成运行后才能大量使用。

第二步是快中子增殖堆的应用。快中子增殖堆（简称“快堆”）的最大优点是它能充分利用核燃料。因为快堆在消耗裂变燃料铀产生核能的同时，还能利用铀-238生产出相当于消耗量1.2～1.6倍的裂变燃料。这样，就可以把热中子反应堆所积压的贫铀充分利用起来。

目前，世界上已有多座示范性快堆核电站建成发电，证明用快堆发电是现实可行的。但快堆在技术上尚不成熟，在经济上尚不能与热中子堆相竞争。如何使快堆技术成熟，工艺简化，经济性提高，是反应堆专家们为使快堆能成为21世纪的主力堆型需要解决的重要科技任务。

第三步是可控聚变堆。有关可控聚变堆的具体内容本书后面会作介绍。若可控聚变堆被研发成功，则人类得到的能源真可谓取之不尽，用之不竭，人们将不再为能源问题所困扰了。然而要实现持续可控的聚变反应，难度很大，是 21 世纪需解决的主要科技任务之一。

1

第一章 核能

核能是从原子核中释放出来的能量，又称为“原子能”，原子核的裂变和原子核的聚变是原子核释放能量的两大“通道”。核能既威力无比又安全清洁，是其他能源难以比拟的一种新能源。

第一节　核能的由来

核能的由来，也就是说核能是怎样被发现的呢？人们先是发现了天然放射性，如伦琴发现了X射线。有一次伦琴将其夫人的手放在包着黑纸的底片上，然后给阴极射线管通上电，让这种射线照一下，奇怪的现象发生了，当该底片冲出来时，伦琴夫人惊讶地发现自己的手骨显示在底片上，而且手指上戴着的戒指也被照了出来……还有如法国物理学家安东尼·亨利·贝克勒耳发现了铀射线。有一天，由于天气原因（没有太阳）安东尼·亨利·贝克勒耳无法做实验，他就把用

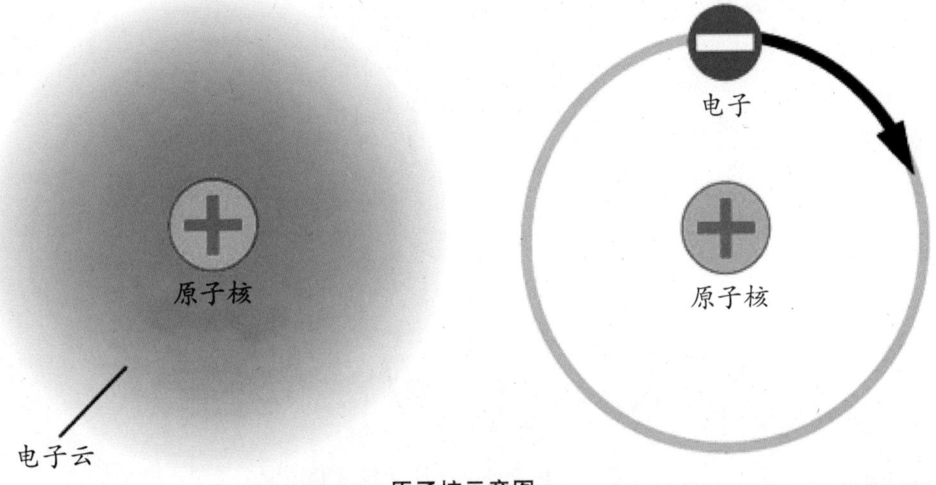

原子核示意图

黑纸包着的照相底板和放在它上面的铀盐一起装进了抽屉。令他惊奇的是，在没有阳光的照射下，照相底板上竟留下了铀盐的影像，安东尼·亨利·贝克勒耳追踪寻源，终于得出了一个全新的结论：这是一种从铀内部发射出来的，之前从未看到过的天然放射线，后来就称之为铀射线或贝克勒耳射线。这为深入研究原子内部结构迈出了极其重要的关键性一步，由此敲开了原子的大门。之后，居里夫妇又发现了新的放射性元素钋和镭，使人们认识到原子核内蕴藏着巨大的能量：它由原子核内的粒子能、粒子间电磁相互作用产生的电热能和强大的磁力产生的引力能结合而成。当时的人们虽预知原子核内蕴藏着如此巨大的能量，却苦于找不到开发、利用其的钥匙！

一　原子核裂变释放能量

直到20世纪30年代末，在杰出科学家恩里科·费米的领导下，研究人员通过研究发现，用中子去轰击铀原子核，一个入射中子能使

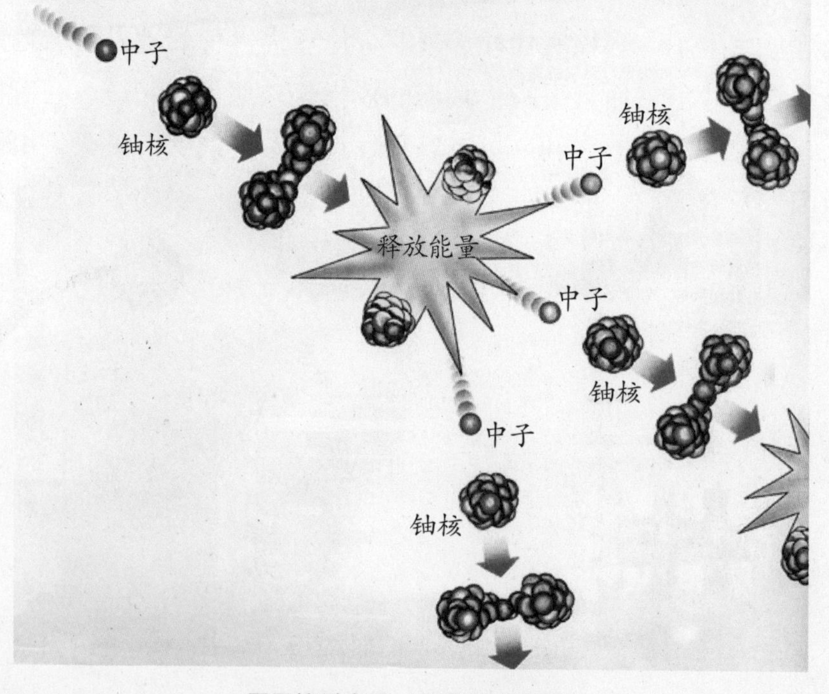

原子核裂变图（铀原子核裂变）

一个铀核分裂成两块具有中等质量的碎片，同时释放出巨大的能量和两三个中子，这两三个中子又能促使其他铀核分裂，产生更多的中子，分裂更多的铀核，就像多米诺骨牌，一发不可阻挡，又像高山上发生的雪崩，惊天动地……出现的分裂反应可以在瞬间把铀全部分裂，同时释放出巨大的能量！据测定，一个铀原子核在分裂过程中释放出的能量是一个碳原子核释放出的化学能的5000万倍，1千克铀（只有火柴盒大小）释放出的能量相当于燃烧2500吨煤所释放出的能量。举例来说，铀-235核在中子轰击下裂变成锶和氙，并释放出大量的热能，即铀-235核吸收了一个中子后，分裂成两个中等质量的新原子锶和氙，同时释放出两个中子和能量。当然，单个铀原子核裂变释放的能量并不引人注目，但从整体来看，所释放出的核能就相当惊人了。

那么怎样才能让原子核产生裂变呢？必须有一个外界条件。如同我们用煤或木柴烧火取暖一样，想取暖必须先用火把它们点燃，使煤或木柴开始燃烧，在燃烧的过程中才能把化学能转化为热能。对核裂变而言，同样需要点燃，就是用中子去轰击原子核使其产生裂变反应，原子核在裂变的同时又释放出中子，这些中子又引发第二代裂变，如果裂变一代一代地继续下去，就是我们所说的链式核反应，若链式核反应一代比一代增多，并且不加予控制的话，就会越来越激烈，直至发生爆炸，这就是原子弹爆炸！这里引述世界名著《一千零一夜》中的一个故事：一位渔夫在海里捕鱼的时候捞到一个瓶子，他想看看里面装有什么，于是打开瓶塞，结果逃出来一个魔鬼，几乎要了他的命。最后，渔夫靠他的智慧终于制服了魔鬼。人类发现原子核裂变和这个故事有点相似，开始的时候大家只想看看原子核裂变到底是怎么一回事，结果打开了核能的大门，并放出一个“魔鬼”——原子弹！

二　原子核聚变喷发能量

与原子核裂变反应相比，原子核聚变反应正好相反，它是由两个

很轻、很结实的原子核聚合到一起，变成一个比较重的原子核的核反应。如果裂变反应放出的是裂变能，那么聚变反应放出的就是聚变能了。

我们知道，原子核带的是正电，两个带正电的较轻的原子核聚变成一个较重的原子核时，首先要克服彼此间的静电斥力。较轻的原子核带的正电少，彼此间的静电斥力就小，所以质子数越少的原子核越容易聚变。实际上，在考虑选用较轻的原子核进行聚变时，一般只考虑氢的同位素之间的聚变，因为氢的同位素的质子数量少，只有一个，它们之间的静电斥力就小，比较容易在人工条件下实现聚变。氢有三种同位素：氕（piē）、氘（dāo）和氚（chuān）。氕的原子核中只有一个质子，氘的原子核中有一个质子和一个中子，比氕原子核重一倍，而氚的原子核中有一个质子和两个中子。氢是上述三种同位素的总称。

在氢的同位素中，氘和氚之间的聚变相对来说最容易，氘和氘之间的聚变要困难些，氕和氕之间的聚变会更加困难。由于氚的半衰期

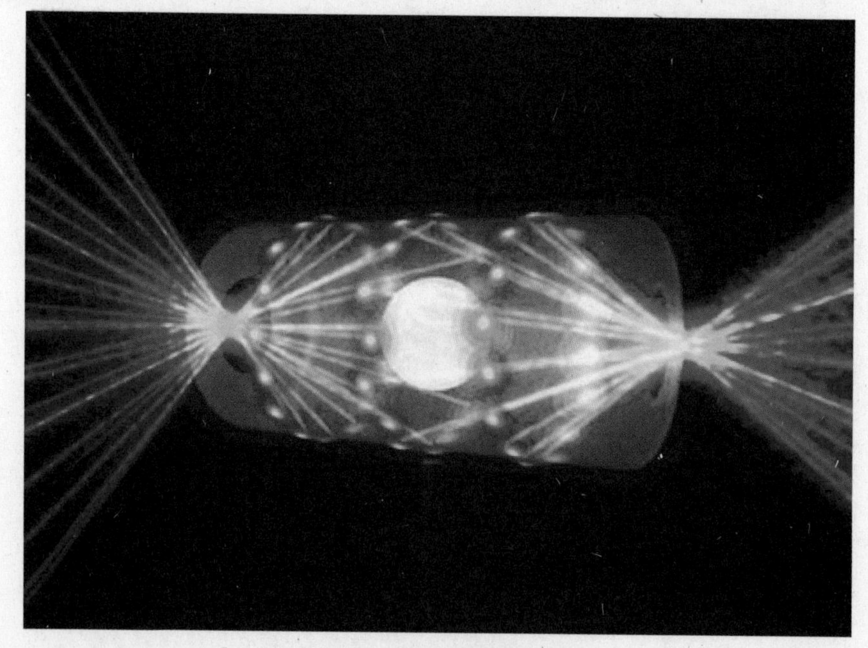

同位素原子核聚变图

只有 12.26 年，也就是说，它每过 12.26 年就要减少一半，因此地球诞生时存在的氚早已衰变得无影无踪了。因此若聚变时要使用氚，必须人工制造，成本比较高昂，故一般不会采用氚和氚聚变的方案，而较多采用氘和氚聚变。

氘和氚发生聚变后，两个原子核结合成一个原子核，即氦原子核，并产生一个中子。这样的聚变所释放出来的能量要比铀-235 裂变时释放的能量小得多。这是不是说，原子核聚变时放出的能量要比裂变时的小呢？恰恰相反，氘和氚聚变时只有 5 个核子参加反应，而铀-235 裂变时有 236 个核子参加反应。因此，如果按平均每个核子释放的能量来比较，氘和氚聚变释放的能量是铀-235 裂变释放能量的 4.14 倍。再看看聚变反应释放的能量有多大：1 千克的氘和氚通过聚变释放出的能量与燃烧 1 万吨优质煤释放出的能量相当。

更重要的是，核聚变所需要的燃料在自然界中十分丰富。先说氘，水中氘的含量很高，每升水中含 0.03 克氘。据统计，地球上仅水（包括海水、冰川、河水等）中就含有 40 万亿吨氘，不能说不丰富吧！至于氚，可以由锂制造得到，地球上锂的储量有 2000 多亿吨，这也是个可观的数字！可以认为：核聚变的燃料是取之不尽，用之不竭的！

再看看核裂变燃料的提取：铀矿要通过探矿和开采，会产生粉尘和放射性氡气。显然，使用聚变能源时，燃料费用更低且更清洁。

通过上述核裂变与核聚变的简单对比，我们很容易看出：核聚变的优越性远远大于核裂变。但是目前几乎还没有采用核聚变来造福人类。原因很简单，实现缓缓释放能量的核聚变技术难度极高，人类至今尚未掌握！核聚变必须在近亿摄氏度的高温条件下进行，因为要在极高温的条件下才能使氢原子核产生每秒几百千米的超高速度，才能使两个原子核靠近至万亿分之三毫米而发生聚变反应（所以聚变反应又称“热核反应”）。理论计算告诉我们，氕核的聚变需要 10 亿摄氏度以上的高温，氘核的聚变需要 4 亿摄氏度以上的高温，而氘核和氚核的聚变反应也要 5000 万摄氏度以上的高温才能进行！地球上目前

只有原子弹爆炸时可以达到这个温度，利用核聚变原理造出来的氢弹，就是靠先爆炸一颗原子弹，由核裂变产生的高温来触发核聚变反应，使氢弹得以成功爆炸。但是，用原子弹引发核聚变只能用于引发氢弹爆炸，却不适用于核聚变发电，因为发电厂需要的不是一次惊人的爆炸力，而是能缓缓释放的能量！

看来，超高温是实现核聚变的“拦路虎”。科学家在不断努力，他们采用了各种方法（如欧姆法、激光法、高能量粒子注入法、电磁波等），使核聚变燃料氘、氚的温度已能从几十万摄氏度大幅度提高到一亿摄氏度。1991 年 11 月欧洲联合环（简称“JET”）装置又一举将氘、氚混合燃料加热到 3 亿摄氏度，目前温度已提高到 4 亿～5 亿摄氏度。如此说来，高温问题似乎已经解决了，但这并不表示核聚变获得了成功，也不表示核聚变离我们越来越近，因为我们还没有解决要用什么材料做成容器才能把超高温的氘、氚燃料盛放在一起这一大难题！钢铁或者是已有的耐高温材料，对于这上亿摄氏度的超高温都是束手无策的，而且可以肯定地说，目前地球上的任何材料，遇到超过一万摄氏度的高温均将变成气体，更别说抵御上亿摄氏度的超高温了。既然目前地球上的任何材料都无法抵御上亿摄氏度的超高温，是否就表示核聚变就不可能在地球上实现了呢？这倒也未必，但利用核聚变所走的路将是漫长的，尽管科学家已想到利用不怕任何高温的磁场去征服超高温，以及其他的一些方案，并且争取在 2040 年左右实现核聚变的人工利用，从目前核科技的发展来看，这样的可能性是完全存在的！

第二节　核能是安全清洁的能源

核能问世之后，人类开始利用核能发电，核能走进了我们的生活！在一些国家，核能已成为主要的电力能源，比如在法国，核电占全国发电总量的75%以上。

一　核能与各种能源危险性比较

核能利用的快速发展以及核能所释放出的巨大能量使人们已认识到核能是一种非同寻常甚至是目前最高级的能源。毋庸讳言，还有很多人认为核能也是最危险的能源，这当然和原子弹、氢弹所造成的惨烈景象是分不开的。事实真是这样吗？专家们带着这个问号，将核能与煤、石油、天然气、海洋热、风能、太阳能热电式、太阳能光电池等能源进行了深入分析对比，并用“职业危险性”（指从事这项能源工作人员的危险性）和“公众危险性”（指对普通大众的危险性）两个指标来评判，评判的结果出乎我们预先的设想。

在“职业危险性”方面，风能最危险，排名榜首。依次是风能、太阳能光电池、太阳能热电式、煤、海洋热、石油、核能、天然气。在这些能源中，核能显然在“职业危险性”中是很低的，也就是相当安全的。

在“大众危险性”方面，煤和石油分别为第一位和第二位。依次是煤、石油、风能、太阳能光电池、太阳能热电式、海洋热、核能、天然气。这样的评定，对于煤和石油来说实不为过。核能还是“垫

底”，这同样表明，核能是相当安全的。

这样的评定是在科学依据和大量实践数据的基础上作出的。

二　核能与化石能源比较

●先从环保（即环境保护）的角度来比较。

化石能源以化学能的形式提供能量，如煤、石油等，尤其是燃煤排出大量二氧化碳、二氧化硫、一氧化碳、氧化氮、苯等气体和烟尘，不仅直接危害人体健康，还会导致酸雨和地球大气层的“温室效应”，破坏生态平衡，是当前出现全球气候变暖现象的罪魁祸首。

你知道吗

温室效应

温室效应是地球上空大气圈的加热效应。太阳发出的光波穿过大气后被地球吸收，然后地球将以热射线的形式再次辐射这部分能量，但是大气中的二氧化碳像温室中的玻璃那样具有吸收热辐射的本领，即只允许光线通过，不允许热射线通过。许多科学家因此认为大气中二氧化碳的增加，最终可能会导致地球表面温度升高。

有资料介绍，一座装机容量为200万千瓦的煤发电厂，每年要消耗煤炭600万吨左右，要排出二氧化碳约1300万吨，二氧化硫约10万吨，还会积存灰渣100万吨以上，其中包括有毒重金属近1000吨！真是触目惊心！

另据报道，1952年12月，英国伦敦由于烧煤产生的烟雾扩散不好，积聚在低空，五天内造成4000多人死亡。1978年，美国医学协会科学事务委员会指出，煤电厂由于污染造成的死亡率是相同规模核电厂的400倍。

对于利用核能的核电站来说，上述情况都不会发生，核燃料虽然被称为“燃料”，却并不会燃烧，它既不消耗氧气又不会产生二氧化碳等有害物质，而且同样功率的发电厂所需的核燃料仅是煤电厂燃料的数万分之一，这就决定了其产生的废料也很少，虽然这些固体和液体的废料具有很强的放射性，但因为集中，所以便于回收和储存，不会对环境造成危害。那么对于排出的气体该如何处理呢？首先我们要明确，核电站的内部是用安全壳密封起来的，安全壳的强度连飞机也撞不碎，加上反应堆是绝对密封的系统，所以核电站不可能排放出放射性气体，它排放的只是冷却系统所形成的无放射性的水蒸气。核电厂多数坐落在拥有青山绿水的滨海地带，安静地输送出清洁的电力，有煤电厂无法相比的清洁环境，简直可以作为旅游观光的景点。

如果提到放射性污染的问题，那么可以这样讲，在正常情况下，核电厂附近的居民每年受到核电厂释放的放射性物质的辐射剂量，只是相同规模火力发电厂的 1/3，相当于每年看电视时的辐射剂量的 1/2，远低于国际放射防护委员会规定的标准。

●再从开发核能的迫切性来说。

科学家已多次提出“后石油时代”已经逼近，全球石油剩余储量仅够开采 41 年，而我国能源资源总量虽然居世界第三位，占世界总量的 10.7%，但若以人均占有量来计算却少得可怜！至于我国的石油开采年限，据估算只有 20 年。煤炭也是一种有限的资源，而且开采、运转成本很高，给交通带来的压力极大。比如中国的金山石化总厂，曾为满足用电需要准备建造发电站，若选择建燃煤电厂，每年约需 110 万吨煤，这需要一列有 60 个车皮的火车每天运一次煤；若建核电厂，每年只需 26 吨低浓度核燃料，运输极其方便且经济环保，最后金山石化总厂选择了建造核电站。另外，从统计数据可以看出，美、英、法、德和加拿大等国的核电成本已比火力发电成本低 1/3 到 1/2。1976 年，美国采用核电，相当于节省 9000 万吨煤或 32500 万桶石油！

还有在能量储存方面，核能不仅比一些新能源如太阳能、风能等

更容易储存，当然也比烧重油和烧煤设备需准备庞大的储存罐、大面积的场地来得简单、方便。

综上所述，可以认为：核电是安全、清洁的能源！

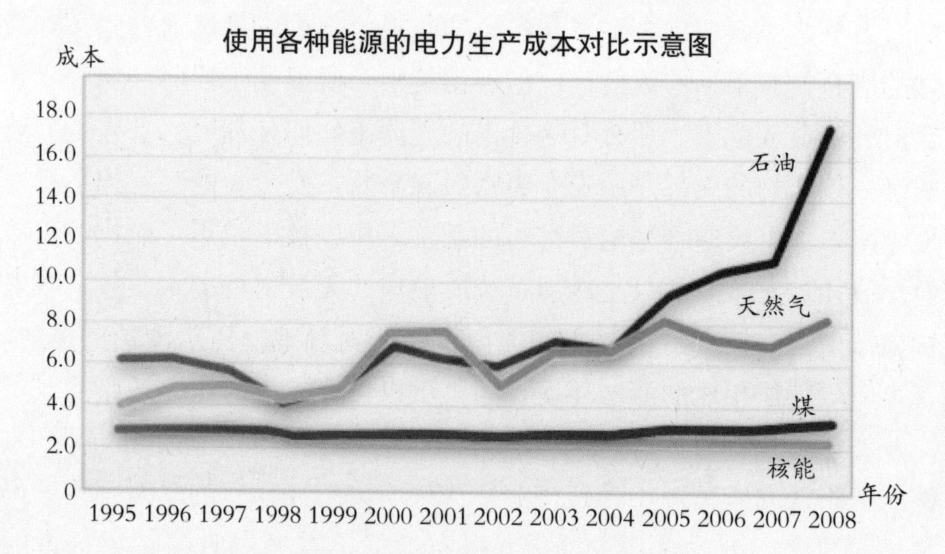

（该示意图表明核电站的经济成本是最低的）

第二章

核工业的历史与现状

核能是天使，它给人类带来福音，还不会增加正在变暖的地球的负担；核能又是魔鬼，核电站一旦发生事故，就会危及生态环境和人们的健康。在这里不得不提到原子弹和氢弹，它们可怕的杀伤力带给人类的是巨大灾难！

核能应该是安全的，所发生的事故大都属于“天灾人祸”！对于这种既清洁又安全的核能，我国也正在慎重发展之中。

第一节　从魔鬼到天使

一　原子弹爆炸

原子弹的研制，可以追溯到从匈牙利到美国的科学家西拉德等会同杰出的科学家恩里科·费米共同上书美国总统罗斯福，要求美国筹划研制原子弹的工程计划，爱因斯坦也签了名。罗斯福总统采纳了这个建议，并且把研制原子弹的计划称为“曼哈顿工程计划”。“曼哈顿工程计划”投资25亿美元，由美国陆军工兵部队全面负责。该计划动用了10多万名科技人员和工人，在绝密状态下经过五年多紧张的研制，

原子弹爆炸后形成的蘑菇云

于 1945 年 7 月 16 日凌晨，第一颗原子弹在美国新墨西哥州阿拉默多尔空军基地的沙漠地区爆炸成功。当现场负责人按下电钮后，在半径为 20 英里（1 英里＝1.609 千米）的地区内，剧烈的闪光出现，相当于几个正午的太阳，随后，闪光变成了巨大的火球，火球熊熊燃烧，最后变成蘑菇形，一直上升至一万英尺（1 英尺＝0.3048 米）的高空！随之，一个巨大的云团以让人恐怖的力量快速上升到远离地面 41000 英尺的同温层。在爆炸区内的钢铁架子被汽化，彻底化为灰烬，整个爆炸相当于 1.5 万～2 万吨 TNT 炸药爆炸的威力。原子弹的问世是 20 世纪影响人类历史进程的一项重大科技成就，从此，人类进入了核时代！

1945 年 5 月 8 日，第二次世界大战的罪魁祸首德国法西斯宣布无条件投降，为迫使日本法西斯也迅速投降，美国决定对日本使用核武器，1945 年 8 月 6 日凌晨 2 时 45 分，“安诺拉盖”号 B-29 型轰炸机从提尼恩岛起飞，一直飞向日本，待飞机飞入空中以后，所携的原子弹才打开保险，8 时 15 分 B-29 型轰炸机飞临日本广岛市区上空，投下了一颗代号为“小男孩”的原子弹。“小男孩”原子弹重约 4 吨，长 3 米，直径为 0.7 米，内装 60 千克高浓缩铀，相当于 1.5 万吨 TNT 炸药。原子弹在距地面 580 米空中爆炸，随着一道强烈的蓝光闪过，广

“小男孩”原子弹

“胖子”原子弹

岛顷刻变为一座人间地狱。当天就有 7 万余人丧生，无数人留下了终身残疾！三天后，美国又在日本长崎投下了一颗代号为“胖子”的原子弹，造成的损失比广岛还大。原子弹的空前巨大威力，给广岛、长崎的日本人民带来的是巨大的人员伤亡和财产损失，是一场灾难。

核武器的出现，使科学家的责任感被极大地放大，科学家竟成为能够决定历史进程的人物！

原子弹爆炸后，日本广岛一片废墟（1）

原子弹爆炸后，日本广岛一片废墟（2）

二 氢弹爆炸

氢弹爆炸是一种快速的热核反应，氢弹的中心是一颗引发核聚变的原子弹，它的周围包裹着氘、氚等聚变燃料，在其中心的原子弹爆炸后的百万分之一秒内，发生链式反应，产生几百万摄氏度以上的高温和高能中子，点燃聚变燃料，实现原子核的聚变反应，同时释放出巨大的能量。但氢弹爆炸是不可控的，具有极其巨大的破坏力和杀伤力，其威力远远超过原子弹。

你知道吗

链式反应

链式反应指在核物理学中，能够自持进行的核反应，即不受外界能量影响，依靠某种反应产生的生成物（如中子）来继续引发同样反应的现象。比如链式核裂变反应是裂变产生中子，中子又引起裂变，如此反复，使核裂变得以持续进行的核反应。

1950年1月31日，时任美国总统杜鲁门下令全力研制氢弹。1952年11月1日，美国在马绍尔群岛的比基尼环礁上，成功地进行了代号为“麦克”的第一次氢弹试验，这枚氢弹重65吨，约有两层楼高，外形像一个大保温瓶。氢弹爆炸后，瞬间在海底形成了一个约2000米宽、50米深的大湖，当直径约为6.5千米的蘑菇云冲向天空时，附近的艾路基拉伯岛也被毁灭了，远在60千米外的观测人员说，他们看到了一个人造太阳，其释放出的能量大大超过了科学家们的预计，达300万吨TNT炸药的威力！1953年8月，当苏联的第一枚氢弹也试爆成功后，美国更是加紧研制大威力、可用于实战的氢弹！1954年3月1日，一枚编号为TX-21，外号为“小虾”的氢弹在比基尼环礁爆炸了，其威力的巨大连氢弹设计师们也感到吃惊，因为不仅爆炸氢弹的小岛毁灭了，连附近的两座小岛也同归于尽，甚至离爆炸中心220千米远的岛上都可以清楚地看到比基尼岛上闪烁的亮光，时间竟达1分钟之久！这枚氢弹爆炸还使20多千米外的一个小岛上绝大多数建筑物被破坏，在40多千米外的地方，混凝土掩体倒塌，连400多千米外的夸加林岛上也刮起了罕见的强风，整个岛上的建筑物都在摇晃。这枚氢弹的爆炸威力超过原先预计的2.5倍！是投放于广岛的原子弹威力的1000多倍！

与此同时，苏联也不甘落后地加速研制氢弹。1961年夏，一颗从未有过的具有1亿等级超级爆炸力的氢弹研制成功，其杀伤半径达到1000千米地区（离新地岛试验中心），而1000千米地区正是苏联的城市，且人口密集，有关当局才无奈将爆炸力降低一半。这次试验由苏联最先进的图-95轰炸机领衔实施。1961年10月30日，这枚重26吨的氢弹装上了图-95重型轰炸机，为了增加飞行员的逃生时间，特别为氢弹装置了降落伞系统。当氢弹在离地面4500米高空爆炸时，图-95轰炸机已飞出了250千米，即使已飞离投弹区250千米的距离，氢弹爆炸时发出的刺眼闪光仍仿佛就在驾驶窗旁边！飞机在巨大的冲击波袭击下，上下颠簸，简直就像波谷浪尖上的一叶小舟。这次爆炸，使中心地带厚3米，面积达20平方千米的冰土层全部熔化，建

筑物荡然无存，即使远在200千米地下室里观察的试验人员，也仿佛觉得地球末日来临了。这还是一次动物死亡最多也最惨烈的氢弹试验，据说该氢弹曾被命名为“赫鲁晓夫炸弹”。

三　原子能和平利用的脚步

世界上第一座正式向居民提供电力的核电站是由苏联建造的，它是一座压力管式的石墨水冷反应堆，于1954年6月27日在莫斯科近郊奥勃宁斯克镇投入运行，它的热功率为3万千瓦，电功率为5000千瓦，其发电效率仅为16.6%，在经济上与火电厂相比差得很远，甚至得不偿失，但它是人类把核能用于和平利用目的的第一个成功例子。

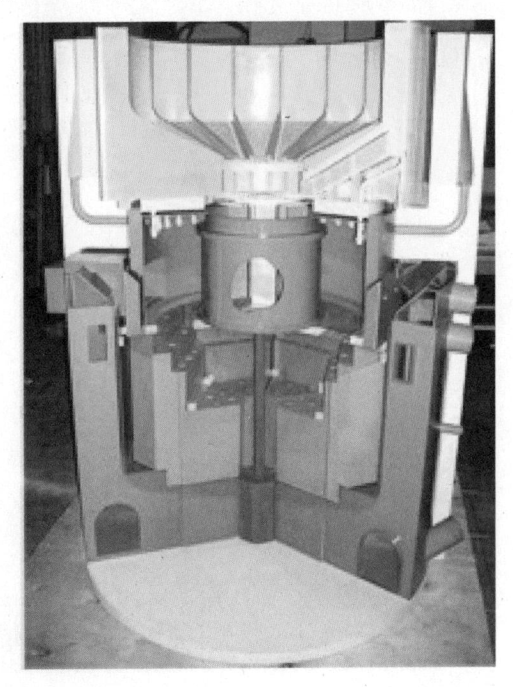

核电站部分模型

第一座核电站建成并投入运行后，专家们便用它作为试验基地，开展大量的研究工作，为实现大功率石墨沸水反应堆打下了牢固的基础。20世纪60年代，苏联在别洛雅斯克又建成了两座石墨水冷反应堆，此时的反应堆已是沸水堆产生的蒸汽在堆内过热，使供汽的温度

和压力完全可以与火电厂中使用的高压汽轮机相匹敌，发电能力已达到20万千瓦。至20世纪70年代，苏联在列宁格勒建造了百万千瓦级的大功率石墨沸水堆，它可以在不停堆的情况下更换工艺管组合和核燃料，因此大大提高了核电站有效利用的时间，该核电站被起名为PBMK-1000型，成为苏联核电的基本堆型之一。之后专家们还打算建造240万千瓦级的PBMK-2400型石墨沸水堆核电站。这种反应堆的缺点是核能的每个传输单元都要单独进行监测和控制（包括温度、流量、放射性剂量等），这就使得仪表成群，信号成片，显得十分庞大繁杂，解决的办法是采用标准化设计和组装技术。

刚才介绍的是核能第一次和平利用的核电站。这里还要介绍国际合作建造核聚变实验堆，为人类和平利用原子能，彻底解决能源短缺问题再创奇迹，这就是ITER计划。

法国核电站

ITER计划是开展国际聚变实验堆研制计划的简称，是1985年美国、苏联两国领导人在两国首脑会议上首次提出的，希望通过国际合作建立核聚变实验堆，并在国际原子能机构的框架下着手准备的合作项目。

2003年2月18日，我国也宣布加入ITER计划。ITER计划从

开始至今一波三折，这不光体现在美国曾二度退出 ITER 计划（后又加入），还反映在 ITER 的建造地点上。直到 2005 年 6 月 28 日，ITER 部长级会议在莫斯科召开，方才尘埃落定，多方达成一致意见，将建造地选在法国，总部设在西班牙。2006 年 5 月 24 日，七国签订了《成立 ITER 国际组织联合实施 ITER 计划的协定》等，至此，关于地址选择、各国权利和义务等谈判最终结束。中国在 ITER 计划中承担的最核心部分是超导磁技术、中子屏蔽技术、交直流变流器和高压设施等。这是中国首次在国际尖端合作项目中承担如此多的核心技术研发工作。2007 年 10 月 24 日，在法国马赛附近的卡达拉希，国际核聚变实验堆正式落成。按照计划，ITER 组织将在这里建造一个世界上最大的核聚变实验堆，并首次持续实现 50 兆瓦的核聚变反应。如果能成功，这就意味着有关国家共同合作完成了核聚变反应堆的工程物理实验阶段，紧接着要建造示范反应堆（简称 DEMO），寻求降低投资和生产成本的方法，再下一步将是迈向市场。据报道，ITER 将于 2019 年在法国开始实验，如果一切顺利，ITER 项目组将设计 DEMO——一个预计于 2040 年建成并能产生 2000～4000 兆瓦核电的聚变核电站。核聚变将给人类带来真正的持续环保的绿色能源，从而可以彻底解决能源供应短缺问题。ITER 是人类和平利用原子能的登顶之举！

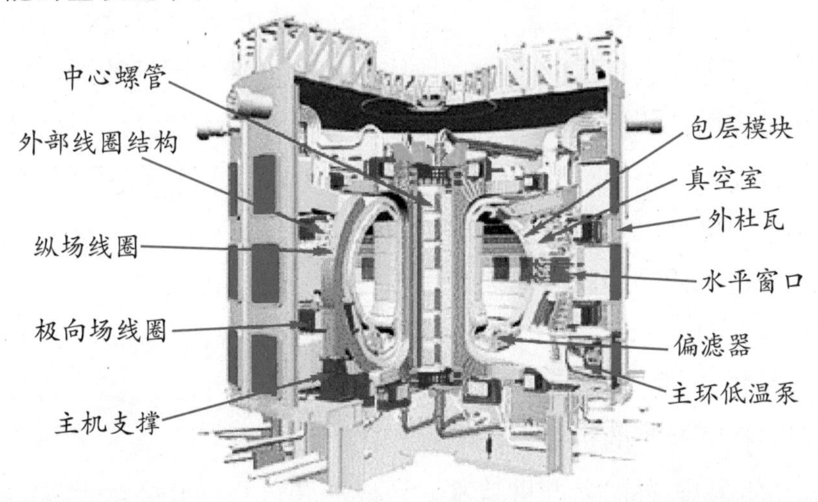

ITER 装置结构示意图

第二节　核安全引发争议

一　美国的三里岛事故

1979年3月28日凌晨4时0分36秒，美国宾夕法尼亚州，离首府哈里斯堡东南16千米的萨斯奎哈纳河中，三里岛核电站二号反应堆的几台水泵停止工作，在此后的几分钟、几小时、几天中，由于人为的错误、设计缺陷、设备失效等一系列事件，最后堆芯因两次失去冷却水而被烧毁。一部分放射性碘和稀有气体从电站中逸出，排入环境。这次事故造成直接损失达10亿美元，如果把间接损失也计算在内，估计将超过20亿美元。事故是严重的，万幸的是没有给居民带来危害。剖析这次事故的发生，是从一些微小的诱因开始的。首先在控制和仪表用的压缩空气管线中出现了水，到汽轮机自动紧急停机，水泵停止工作，至此事故苗头已经出现，但还不算严重。因为有3台备份应急水泵可以立马上阵，确定原始水泵停止工作后，这3台备份应急水泵在1秒钟后就自动启动了，可惜的是，由于人为错误，应急水泵用水无法到达蒸汽发生器（8分钟后才发现错误而改正），把蒸汽发生器烧干了。温度和压力的迅速升高，顶开了稳压器上的安全阀而且被卡在“开”的位置上，使冷却剂不断流失，工作人员却未发现这一反常情况，再加上严重缺水，造成堆芯过热而烧毁！此时，产生

功率的裂变虽已经停止，但裂变产物衰变热仍放出大量余热，使燃料棒受到损坏，致使一些挥发性的放射性物质从反应堆中释放出来，由于设计和操作不当，有极少部分放射性物质释放到周围环境之中……

事故后，经检测对附近居民的放射剂量并不大，即使在 0.5 英里范围内，居民的放射性照射剂量也只占天然照射剂量的 40%，而 20 英里范围内的居民几乎没有受到放射性剂量的影响。三里岛事故可能导致居民患癌症死亡的风险远低于天然放射性照射产生的统计结果。

美国三里岛核电站

三里岛事故的主要教训是：设计上存在缺陷，操作人员培训的缺失和技能的低下。为此美国实施了“三里岛行动计划”，其重点是改进设计和加强员工培训。

二　苏联的切尔诺贝利事故

切尔诺贝利核电站位于乌克兰首都基辅以北 130 千米处，距切尔诺贝利城 18 千米。1986 年 4 月 26 日，电站的 4 号机组突然爆炸起火，核燃料元件被炸出反应堆，含有大量放射性物质的蒸汽和浓烟进入大气，遮天蔽日，酿成一起震撼世界的恶性核泄漏事故，被列为核事故的最严重等级——7 级。该等级为特大核事故。

苏联切尔诺贝利核电站

你知道吗

国际核事件分级

核安全事件共分为 7 级，其中 1 级至 3 级为事件，4 级至 7 级为事故。

7 级：特大事故，放射性物质大量外泄，可能造成严重的健康影响和环境后果。如 1986 年苏联发生的切尔诺贝利事故和 2011 年日本发生的福岛第一核电站核泄漏事故。

6 级：大事故，放射性物质大量外泄，可能需要全面实施应急计划。

5 级：具有厂外风险事故，堆芯严重损坏。如 1979 年美国三里岛事故。

4 级：主要在核设施内的事故。如 1980 年法国圣洛亨事故。

3 级：严重事件。如 1989 年西班牙范德路斯事故。

2 级：事件。

1 级：异常。

当时一条 30 多米高的火柱掀开了反应堆的外壳，冲向天空，反应堆的防护结构和多种设备也被掀起，高达 2000 摄氏度的烈焰吞噬着机房、熔化了粗大的钢架。事故发生后 6 分钟，救护人员赶到了现场，但强烈的热辐射使人无法靠近，只有靠直升机从空中向下投放含铅和硼的沙袋，设法封住反应堆，阻止放射性物质的外泄。直至事故发生 10 昼夜后反应堆才被封堵，但放射性物质却仍在超量排放。

切尔诺贝利核电站发生核泄漏的事故是很严重的，堆芯内所含的

苏联切尔诺贝利核电站遭核事故后被破坏的场景

挥发性放射性物质几乎全部泄漏到大气中去，爆炸引起的大火和气流上冲使得这些放射性物质被扩散到欧亚大陆的广大地区。其中乌克兰、白俄罗斯、俄罗斯受到的污染最为严重。事故中参加抢险的人员中，当时就有 30 人献出了自己的生命。事故对生态环境的影响也十分明显，在周边半径为 30 千米以内的局部地区的动植物受到致命照射，离核电站最近的松树林因受照射而死亡变成红褐色。在一段时间里，食用当地的野味或者野生蘑菇是不太安全的。此次事故还严重影响了当地居民的正常生活，11.6 万人被疏散，给他们造成了极大的心理障碍，也影响了周边地区工、农、商业的有序发展。

这次核泄漏事故最惨痛的教训是：苏联在核安全管理中设计、管理、文化等方面均存在严重问题，比如核电站管理混乱、设计缺少安全标准、人员培训不足、操作规程有缺陷或错误等。

苏联切尔诺贝利核电站遭核事故后清理现场

切尔诺贝利核事故发生至今已有 26 个年头了，再次对切尔诺贝利地区的科学调查表明，这一事故的严重程度已经有所缓解，比如放射性剂量已下降到原来的百分之一，从 1989 年起生态已逐渐得到恢

复，枯树只占森林树木总数的千分之一。鱼类、蛙类和其他水生动植物中都未发现异常。流行病学的调查结果显示，血液病的发病率并无明显增加，仅甲状腺发病率增加较快，其中0～14岁儿童患病达560多名。上述科学调查结果反映出即使是这样严重的核泄漏事故也并不像保守估计那样不可收拾，不再会有美丽的春天。

但从整体上说，此次事故给人类带来的灾难及影响是永久性的，值得所有人永远对其关注！

三　核能利用再起高潮

在美国三里岛核电站和苏联切尔诺贝利核电站相继发生比较严重和极其严重的核泄漏事故后，世界上出现了反核电运动，核能发电的政策被取消，订货停止……即使在核电比较发达的欧洲也出现了反应堆停止运行的现象，德国和瑞典就是例证，还有一些核能发展的先进国家也几乎走上了被否定的道路。

美国帕洛弗迪核电站

但是近些年来，核能正在复兴，且高潮迭起，原因之一是地球大气层出现温室效应，所以发电时几乎不排放温室效应气体的核能在世界上开始受到重新评价。2009 年在意大利的拉奎拉召开的 G8 峰会上，确认到 2050 年温室效应气体应削减 50%作为共同的目标，而且对发达国家要求削减 80%，还一致要求促进核能发电。意大利在同年恢复利用核能发电，瑞典也开始重新评价核能发电政策，还有之前对核能持否定态度的一些国家如西班牙、美国等也开始转变态度，提出要重视核能发电。这里还要着重提一提的是，核能发电与太阳能发电、风力发电相比，核能发电在排放温室效应气体量方面是最少的，当然是最清洁的。原因之二，原油与天然气储量尚未确定，价格连续暴涨，为保障能源安全，实施包括核能在内的混合能源政策已迫在眉睫，因此加快核能利用显得尤其重要，核能的魅力不仅在欧洲发达国家得到重新确认，而且已引入中国、印度等国家，过去与核能发电无缘的中东各国，也开始认识到核能的优越性，充当了核能利用再掀高潮的“引擎”。

加拿大安大略省核电站

根据经济协作与发展组织（简称 OECD）核能机构预测：到 2050 年世界上核能发电反应堆可达 1400 座，而目前世界上运行中的核能

反应堆仅为432座，其发展速度之快可见一斑，充分证明了核能利用已再掀高潮！并且世界核能的利用带动了中东、东南亚、非洲各国核能利用的发展，如约旦，2015年该国的核电站将开始运行，2020年阿拉伯联合酋长国的核电站也要开始运行，就连以前强烈反对发展核电的一些国家（包括泰国、越南、印度尼西亚等国家）也想在2015年以后引入核能发电，目前正在进行可行性调查和选址准备。在非洲，阿尔及利亚、尼日利亚等国家，也对引入核能发电表示关心……

核电站

为了应对温室效应和摆脱石化燃料的短缺，可以深信，核能将更加被重视，且会得到更快的发展。

四　日本福岛核事故——核安全会否再起争议

2011年3月11日，日本东北部海域发生里氏9.0级地震并引发海啸，海啸导致福岛第一核电站发生7级极其严重的特大核事故。

核事故给2011年的春天蒙上了阴影，增加了人们对核泄漏的担忧，核危机从日本迅速扩大到全球，“核恐惧”有一浪高过一浪之势：

爆炸后的日本福岛第一核电站全景图，从上往下分别是 1 号机组、2 号机组、3 号机组和 4 号机组

从西方发达国家的街头又冒出反核游行，到中国沿海的食盐抢购，再到每日一报的辐射污染动态……人们不禁会想：核能安全还会再引起争议么？

为了回答这个疑问，我们先分析日本福岛特大核事故发生的原因。9.0 级大地震引发海啸是造成福岛特大核事故的一个原因，但该核电站设计比较落后也是重要原因之一。该核电站始建于美国三里岛核事故之前，没有像目前的核电站那样在内部设置有大型安全壳。此外政府和技术人员的事故应对动作迟滞也是一个原因，例如对操作人员的授权不够，在极端情况下采用海水向反应堆注水应该在事先就应予考虑，如果平时已经预备了应对这样严重事故的应急方案，这次事故的后果或许不会像现在那么严重。因此，福岛特大核事故是“天灾人祸”造成的，不是核能本身爆发出来的。

日本 NHK 电视画面，日本陆上自卫队的两架直升机向福岛第一核电站 3 号机组注水

日本福岛第一核电站核泄漏

发生了福岛特大核事故后，我们再来看一看一些国家对这次事故的反应和应对措施。美国：要从这起事故中吸取教训，进一步完善本国的核能工业，并致力于发展新的核能技术。法国：在吸取日本教训的基础上采取一切必要措施，但不会放弃核电发展。俄罗斯：不仅将

继续发展核电产业，还要加快发展步伐。英国：适当调整核电与风电的规模，以达到一个更为稳定、安全的能源环境。波兰：不会取消第一座核电站的建造计划，在听取其他已拥有核电站的欧洲国家意见的基础上继续发展本国核能。德国：暂停延长核电站运营期限计划，暂时关闭7座1980年之前建成使用的核电站。中国：当时立即组织对核设施的全面安全检查，抓紧编制核安全规划，在核安全规划批准之前，暂停审批核电项目，但是继续安全、高效地发展核能的政策不会改变。

有了上面这样的说明，我们可以认为，对核能安全再起争议的可能性不会很大，只是福岛核事故后，又将有一批改进措施被提出，人们对核电站安全掌握的水平又将提高一个层次。发展核电的总趋势绝不会因日本福岛核事故的发生而有所改变，而是会有一个整顿、改进、提高的过程，终将迎来核电发展的又一个春天。

第三节　中国的核工业

一　研制原子弹、氢弹和中子弹

让我们先讲述一个小故事，这是介绍先行者开创核事业的故事：1955年10月下旬，有一个小分队来到湖南省的金银寨，他们是来勘探确认这里是否有制造原子弹用的铀矿的。这天上午，一名队员和一名公安战士趟过一条小河，这名队员头戴的探测器耳机突然“哗哗”地响了起来。他看到眼前是一块大石头，就对着石头来回测试，发现

是它引起探测器发声的。他们十分高兴，顺着响声翻上了山梁。一到山顶更不得了，仪器一开机就响，他们起先以为是仪器坏了，但走了一段路后，声音又小了下来，这下勘探队员明白了，他们碰上好运气了，就回来测量仪器响得最凶的地方……第二天，小分队人员又一次来到这个地点进行复测、绘图、作记号……队长悄悄对大家说："找到制造原子弹的铀矿了。"再经过地质队的进一步勘探，发现这里确实有铀矿而且发展前景很好，几年后，金银寨建成了我国第一个大型铀矿区。

为了制造我国的原子弹、氢弹，还有数不清的动人小故事，这许许多多的小故事，终于铸成了 1964 年 10 月 16 日，中国自行研制的第一颗原子弹爆炸成功！试验结果表明，中国第一颗原子弹的理论、结构设计、各种零部件、组件和引爆控制系统的设计及制造，以及各种测试方法和设备，都达到了相当高的水平，也标志着中国核工业基础的初步建立。先后有 26 个部（院）、20 个省（市、自治区），包括 900 多家工厂、科研机构、大专院校参加了攻关会战，共同努力，实现了我国提出的 5 年内（1960～1964 年）自力更生制成原子弹，并

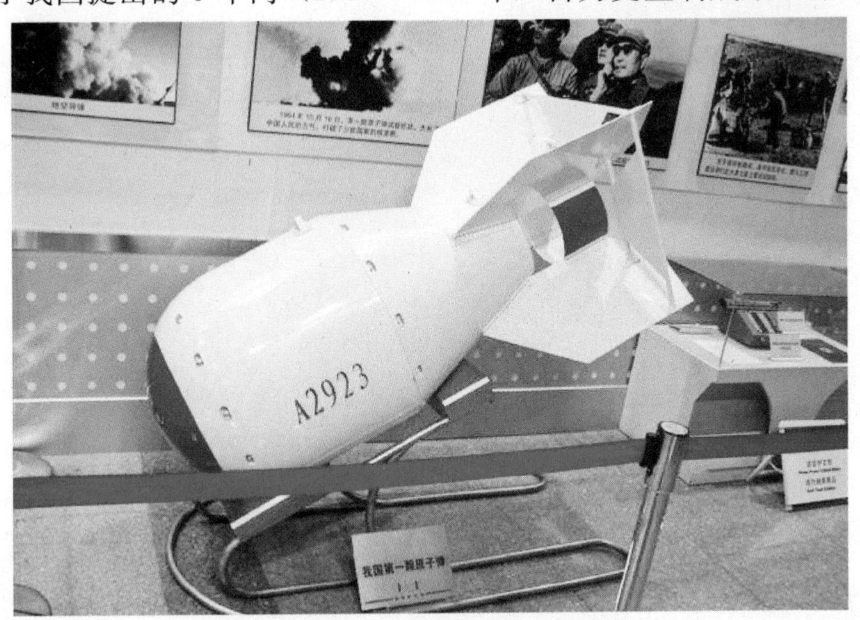

我国第一颗原子弹

进行爆炸试验的决策要求。

我国第一颗原子弹爆炸成功后，制定了下个阶段的主要目标，其中包括突破和掌握氢弹技术。经过不到 3 年时间的攻关突破，1967 年 6 月 17 日，我国成功地进行了第一颗氢弹爆炸试验，使我国进入了世界核先进国家的行列！

让我们简要回顾一下这项氢弹爆炸试验的情景：这次试验，是在罗布泊核试验场进行的，采用轰-6 甲型飞机作为运载工具，空投带降落伞的氢弹。氢弹在距离地面 3000 米的高空爆炸，安排了 38 个测量项目，效应试验 53 个，第一次用发射固体火箭穿过核爆炸烟云收取放射性微粒样品。参加试验的单位有 28 个，技术和保障人员共 6000 多人。

我国第一颗氢弹

这里顺便提一下，关于中子弹，它的特点是爆炸时能放出大量能置人于死地的中子，它的中子产出量约为同等当量原子弹的 10 倍，使冲击波等的作用大大缩小。在战争中，中子弹只杀伤人员和有生命的目标，不会摧毁建筑物、技术装备等。也就是说，中子弹只杀伤生灵，不危及装备等器械。1999 年 7 月 15 日，我国政府宣布，早在 20 世纪七八十年代就已掌握了中子弹的设计制造技术，并成功地进行了爆炸试验。

中子弹爆炸

二　核电站的起步和现状

我国的核电站建设起步于 1973 年，历经周折，到 20 世纪 80 年代中期以后才步入高速发展之路。1985 年 3 月 2 日第一座核电站——秦山一期工程在浙江海盐开工建设，1994 年 4 月 1 日投入商业运行。1987 年 8 月 7 日和 1988 年 4 月 7 日，国内第二座大型核电站——大亚湾核电站一、二期工程在深圳兴建，并分别于1994年2月1日和5月6日投入运行……由于兴建和完工运行的核电站很多，就不在这里一一介绍了，可以归结为：截至2008年12月27日，我国已有秦山核电站一期、二期和三期的5台机组，江苏田湾核电站的2台机组，广东大亚湾核电站的2台机组和岭澳核电站的2台机组共11台机组投入运行，总装机容量为900万千瓦，而之后新开工和已核准的核电站规模已近2290万千瓦，是已建成核电站规模的2.5倍。在2008年年初的雨雪冰冻天气中，核电在燃料运输、电力稳定性方面的突出优势得以明显体现。根据发展的需要，我国的多个核电项目又将启动。到2020年中国核电装机容量将达到4000万千瓦，占中国全部电力装机容量的4%，这一比重到2030年将达到16%，赶上世界平均水平。据统计，到2010年12月31日，我国2010年全年核电站发电量近741.41亿千瓦时，共有13座核电站运行。

这里还要特别提到的是，一座目前世界上为数不多的，核热功率为65兆瓦，实验发电功率为20兆瓦，具备发电功能的实验快堆，已经于2011年7月21日成功实现并网发电，这标志着我国在占领核能技术制高点，建立可持续发展的先进核能系统上跨出了重要的一步。在近20年的实验快堆研发过程中，经过国内几百家单位的努力并大力开展国际合作，不断创新探索和协作攻关，先后完成了研究、设计、建造、调试等工作，于2009年5月起进行系统热调试，终于在2011年7月21日实现并网发电。

关于实验快堆的有关内容，详见第四章“核反应堆”。

第三章
核电站

什么是核电站？至今仍然有不少人对核电站感到陌生、神秘甚至忧虑。在这一章中我们将把披在核电站上的“面纱”层层揭开：核电站不是原子弹，因此不会爆炸！我们还会把核电站的来龙去脉进行逐一介绍，包括中国的核电站（如秦山核电站、大亚湾核电站等）和目前世界上核电站的发展与现状。

第一节　核电站巡礼

一　国际核电站的发展与现状

半个多世纪以来，核电技术发展迅猛，按照目前国际核物理界达成的共识，核电站分为四代。

第一代核电站：20 世纪 50 年代到 60 年代初，苏联和美国在军用堆的基础上，开发出了第一代核电站，其主要目的是通过试验来验证核电站在工程上的可行性，所以单机容量比较小，如美国的希平港核电站和德累斯顿核电站、英国的考尔德霍尔核电站。

第二代核电站：因为第一代核电站取得了试验性的成功，所以第二代核电站便如雨后春笋般发展起来。第二代核电站主要着眼于商业化、标准化、系列化、批量化，以提高经济性。可以说，目前各国运行的核电站绝大部分都属于第二代核电站，均建造于 20 世纪 60 年代后期至 90 年代。大都为单机容量为 600 兆～1400 兆瓦的标准型商用核电站，如加拿大的坎杜核电站、俄罗斯的核电站，等等，是构成目前世界上运行的核电站的主体。

第三代核电站：自从三里岛核电站和切尔诺贝利核电站发生事故后，安全性成为发展核电的重中之重。因此从 20 世纪 90 年代开始，为解决核安全和核废料问题，科学家在第二代核电站的基础上研制成第三代核电站。第三代核电站在对严重事故的预防、安全系统的改进提高和经济性的提高方面都优于第二代核电站。如美国研制的第三代核电站，其主要特点是非能动化和更简化。大家知道，越是复杂的东西越容易出故障，若用电脑与电视机相比，显然前者要复杂得多，就比电视机更容易发生故障。所谓非能动化，是指利用重力等物理因素而不是靠外部力量来提高安全性。这期间，美国能源部还提出过相对比较经济的 3+核电站，可以理解为第三代核电站的改进型。

第四代核电站：更确切地应称为第四代核能系统。美国能源部提出了在经济性、安全性、核废料和防止核扩散处理等方面都有重大革命性变革的第四代核能系统，于 2000 年 5 月在华盛顿主持召开了第四代核能系统研讨会，这次会议达成共识，认为第四代核能系统必须满足如下主要指标：（1）电力生产成本应低于每千瓦时电 3 美分；（2）初始投资小于每千瓦发电装机容量 1000 美元；（3）建设周期小于 3 年；（4）堆芯熔化概率低于 10^{-6} 堆年（“堆年”表示一座核电站运行一年，包括正常的停堆时间）；（5）在发生事故时无放射性对外释放；（6）能够通过对核电站的整体实验，公开证明核电的安全性。2001 年 7 月正式成立第四代核能系统国际论坛，与会的有美国、日本、英国、俄罗斯等 10 国。2002 年 9 月美国等 10 国在日本东京召开的第四代核能系统国际论坛会议上选定了包括“快堆”在内的六种“堆”作为未来核电站使用的“堆”，并达成了共同研发第四代核能系统的协议，目标确定为在 2030 年左右能创新开发出第四代核能系统。

国际原子能机构于 2010 年 9 月发布的《国际核电现状与前景》中是这样介绍的：核发电量已接近世界总发电量的 14%，核电已从 1970 年的不到 0.5%增至 20 世纪 90 年代的 7%，至 2008 年有所回落，为 5.7%。截至 2010 年 8 月，全世界共有 29 个国家运行 441 座核电站。从 2007 年年底到 2010 年 8 月在建核电站由 33 座增加到 60

座，总装机容量也从 27193 兆瓦增加到 58584 兆瓦，翻了一番。从上面的一组数字可以充分看出核电站的发展是迅速的，前景乐观。

二　我国的秦山核电站

秦山核电站位于风景如画的杭州湾畔，一期工程是中国依靠自己的力量设计、建造和运行管理的第一座 30 万千瓦压水堆核电站。从 1985 年 3 月浇灌第一罐混凝土起至 1991 年 12 月 15 日建成秦山核电站。它的建成，其意义绝不亚于一颗原子弹的成功爆炸。目前，核电机组运行正常，核能转化的电力正输入华东电网，送往城市、农村。

我国已运营的核电站——秦山核电站一期

秦山核电站所在地地质构造稳定，发生地震的可能性低，主厂房直接建造在基岩上，安全可靠。它采取了防止核泄漏的四道安全屏障，特别要提出的是第四道安全屏障是具有世界一流水平的安全壳，该安全壳不仅可以保证在反应堆完全毁掉的情况下放射性物质不会泄漏出来，还可以做到在龙卷风、强地震、失事飞机或陨石的撞击等灾害面前岿然不动！该核电站系统设备复杂，大小设备有 2 万多台（件），涉及 200 多家制造厂商，特别是核电站的主要设备，安全性能要求极高，制造难度很大，国内制造厂家经过几年努力，攻克许多难关，严格执行质量保证大纲，按质按量为秦山核电站提供了合格优良的产品。该核电站设备的国产化率很高，如按设备来看达 90%以上，占所用资金的 70%以上。

为什么要选择位于浙江省海盐县的秦山来建造核电站呢？

20世纪80年代初，一批核动力专家来到海盐县，登上了位于东南角的一个不太显眼的山冈——秦山。他们是去那里欣赏美丽风景的吗？不！他们登上这座布满荆棘的山丘，为的是确定我国第一座核电站的地址。

核电厂建在这里，是三面环山，一面濒海。首先要确定的是核反应堆的主厂房又叫安全壳的位置。安全壳呈圆柱形，是一座高大的、极其坚固的钢筋混凝土建筑物，其壁厚1米以上。这就要求地基应能承受每平方米60吨的重量，并且在核电站的整个寿命期内不能产生差异沉降，秦山谷地正好具有这样的条件，整个厂房可直接建在其基岩上，这里的地质构造可保护厂房稳如磐石！

另外，这里山峦起伏，重峦叠嶂，恰好成为厂区和居民村之间的一道完美天然屏障，可以把含有大量放射性物质的反应堆等“包”在山峦之中，大大增加了当地居民的安全感。

秦山谷地还为一些看不见的地下和水下设施提供了十分便利的条件，比如核电站在运行时需要大量的冷却水，多达每小时7万立方米，这些水是经过一个穿山的涵洞，从海平面下的一个取水口吸取的，那里水道深而稳定，可以吸取到深层的低温海水，用于冷却特别适合……总之，秦山在地质、地貌、水文、交通以及环境保护等方面都符合建核电厂的严格要求。

显然，建造核电厂就没有必要像建常规发电厂那样必须建造铁路专用线了，就该核电厂而言，装入反应堆中的核燃料可以燃烧整整三年，燃料总共只有40吨重。

秦山核电站的二期工程也是我国自主设计、自主建造、自主管理、自主运营的，它是我国首座2×60万千瓦商用压水堆核电站，于1996年6月2日开工，经过近6年的建设，第一台机组于2002年4月15日投入商业运行，比计划提前了47天。另一台机组于2004年5月10日投入运行。

秦山核电站的三期工程采用加拿大成熟的坎杜6型重水堆核电技

术，建造两台 72.8 万千瓦核电机组。1 号机组于 2002 年 11 月 19 日首次并网发电，2002 年 12 月 31 日投入商业运行。2 号机组于 2003 年 6 月 12 日首次并网发电，2003 年 7 月 24 日投入商业运行。

我国已运营的核电站——秦山核电站二期

我国已运营的核电站——秦山核电站三期

三　我国的大亚湾核电站

广东大亚湾核电站是我国第一座成套进口的大型商用核电站，装有两台发电功率均为90万千瓦的压水堆核电机组，采用法国成熟的改进型M310反应堆，1987年8月电站开工建设，1994年两台机组先后建成投产，其年发电量为130亿千瓦时，电力的70%供应香港，30%供广东使用。

我国已运营的核电站——大亚湾核电站

大亚湾核电站地址的选择把安全放在首位，这可以从专家们几次进行调查和踏勘中得到印证：第一次从西江、东江以及珠江口以东等处进行踏勘，从十几个点中筛选出三个点，并认为大鹏湾的屯洋比较好（它距离香港45千米，距离深圳35千米），对城市的安全有保障，继而考虑到大众的心理承受能力，最后被迫放弃。第二次是沿着大鹏湾半岛和大亚湾进行选址，在1982年推荐了五个点，然后经过地质勘探，水文、气象、人口和生态环境调查，并由各方面专家反复审查，最后认为大坑和凌角两个点从区域稳定、地震地质、环境保护、取排水、地形、交通运输、施工场地以及输电线走向等条件衡量都符合核电站的建设要求，并于1983年9月选定大坑麻岭角为核电站建

址，也就是大亚湾核电站现址，它直线距离香港 52.5 千米，距离深圳 45 千米。

四 我国的其他核电站

1. 田湾核电站：位于连云港市连云区田湾，按 4 台百万千瓦级核电机组规划，并留有再建 2～4 台的余地。一期建设两台单机容量为 106 万千瓦的从俄罗斯引进的核电机组，分别于 2007 年 1 月和 8 月投入运行。

我国已运营的核电站——田湾核电站

2. 岭澳核电站：位于广东大鹏半岛东南侧。岭澳核电站一期拥有两台百万千瓦级的压水堆核电机组，2003 年 1 月建成投入商业运行。2005 年和 2006 年二期工程先后开工建设，引人注目的是，在这里将安装具有我国自主品牌的改进型百万千瓦级压水核电技术——CPR1000，其中关键设备国产化比例不低于 85%。

3. 红沿河核电站：位于大连市，2007 年开工建设，一期工程为 4 台百万千瓦级核电机组。2013 年 2 月，红沿河核电站 1 号机组并网发电。

我国已运营的核电站——岭澳核电站一期

4. 海阳核电站：位于山东省，将分三期建设，一期为两台百万千瓦级核电机组，并留有扩建余地。2007 年开工建设。当三期发电机全部投产运转后，年发电量接近三峡电站年发电量的 90%。

我国正在建设中的核电站——山东海阳核电站（效果图）

5. 宁德核电站：位于福建省，2008年2月一期工程动工。2013年4月，宁德核电站一期1号机组正式投入商业运行。它是我国第一个建在海岛上的核电站，采用我国自主品牌百万千瓦级压水堆核电技术CPR1000建设，国产化率超过75%，具有国际同类型在役核电站的先进水平。

百万千瓦级核电站是当今核电发展的主流，也代表着一个国家核电的先进技术水平，经过30年的引进、消化、吸收和创新，我国核电已基本完成了这一历史进程，在国际核电俱乐部亮出了“中国品牌”——CPR1000。

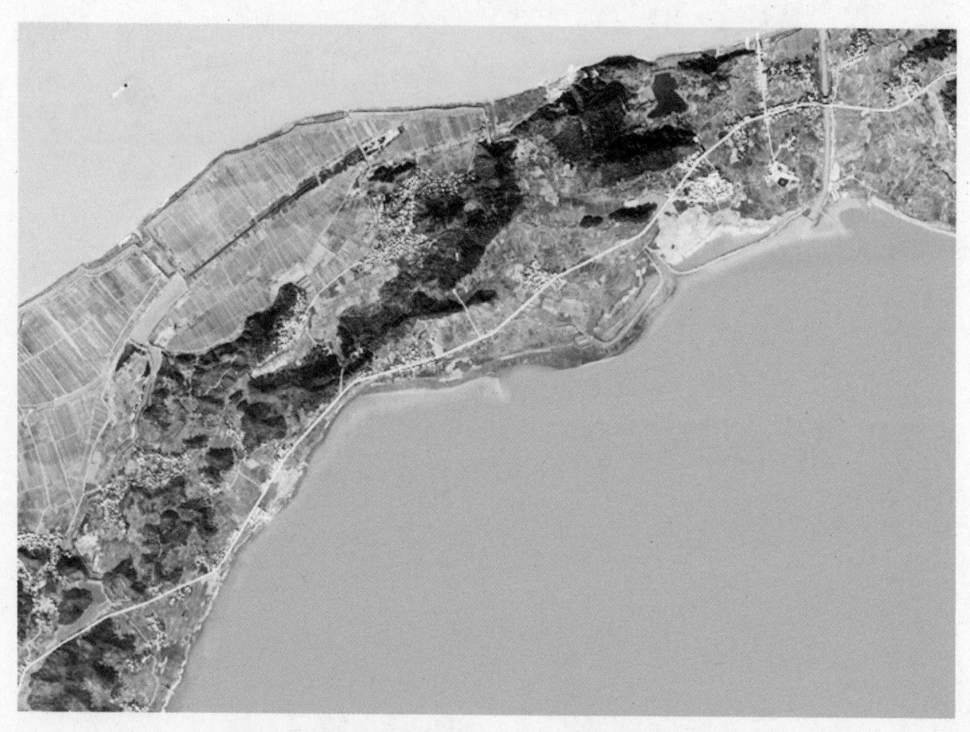

我国正在筹建中的核电站——江西彭泽核电站厂址

“核电”相中“美人窝”——湖南桃花江核电站（效果图）

我国正在建设中的核电站——福建福清核电站办公区（效果图）

我国正在建设中的核电站——海南昌江核电站（效果图）

我国正在建设中的核电站——浙江三门核电一期工程（效果图）

第二节　核电站的工作原理

一　核电站不是原子弹

“核电站不是原子弹”，这是千真万确的结论。核电站绝不会像原子弹那样发生爆炸，即使是失控的链式反应也不可能使整个核电站变成一个大火球，然后冉冉上升，形成一朵硕大无比的蘑菇云……人们常常会把电影中看到的核武器试验情景与核电站的意外事故联系在一起，出现这样的联想并不奇怪，因为核能既可用于战争需要又可用于和平，它们之间在技术上的确有不少相似之处，因此易将原子弹与核

电站等同起来，在核能发展的早期，即使有些学者也不一定能将它们区分开来。

那么核电站和原子弹到底有什么区别呢?

原子弹所装填的裂变物质（铀-235或钚-239）浓度高达93%，而核电站所用的核原料中，含浓缩铀的成分只占3%左右。打个比方，不管是白酒还是啤酒，它们都含有酒精，但是，含酒精成分高的白酒可以燃烧，而啤酒是不可能被点燃的，这中间就是酒精的浓度在起作用。

原子弹装有引爆装置，核电站当然没有。这里又可以作一个比喻，鞭炮是用层层厚纸裹住火药，才会爆炸，假如火药不被厚纸层层裹住，只是很稀散地平铺在地面上，即使将其点燃，也只会燃烧而不可能爆炸。

最后，也是极重要的一个区别，要使原子弹爆炸，必须使“核弹药”达到规定的程度（即达到“临界质量”），显然，用1克铀-235是制造不出原子弹的，原因是它没有达到临界质量，为此制造原子弹会采用如下两种方式：一是“枪式结构”，即将两块均小于临界质量的铀块快速合在一起，这时，会大于临界质量，立刻就发生爆炸。但即使还是用这两块铀料，不是快速而是慢慢地合在一起，爆炸也不会发生，原因是“慢动作”会使链式反应刚刚开始，所产生的能量足以将它们重新分开，使链式反应停止，这种爆炸威力会小得多。因此，关键是要使铀块能极迅速地结合在一起。“枪式结构”可以达到快速合一的目的，其方法是将一块铀放在一端，将另一块铀放在“炮筒”中，引爆烈性炸药，使它们快速合拢，可产生猛烈的爆炸。“枪式结构”的缺点是“合拢”的时间还是显得长了，而且会产生过早“点火”，造成低效率爆炸。二是“内爆式结构”。针对“枪式结构”的缺点，科学家发明了“内爆式结构”，这种方式的出发点是：对于一定量的裂变物质，密度越高，临界质量可以越小。为此在内爆式结构中，将炸药制成球形装置，然后将小于临界质量的核燃料制成小球，放在炸药中心，通过电雷管同步点火，使炸药各点同时起爆，产生巨

大的向心压缩波，使核燃料同时向中心合拢，由于密度大大增加，“核弹药”大大超过临界质量，最后由一个可控的中子源将它“点燃”，实现链式反应，导致极其猛烈的爆炸。

你知道吗

临界质量

在一定条件下，能维持链式反应的可裂变物质（如铀-235或钚-239等）的最小质量。

那么，核电站又是怎样的呢？首先它没有引爆装置，非但没有，还要尽一切努力防止核燃料达到临界状态。再说，这些核燃料的铀浓度只有3%，还分散放置。即使由于某种原因使它们聚集在一起了，也不会像原子弹那样猛烈爆炸，道理在前面已陈述过了。这里再举一个实例加以说明：20世纪50年代中期，美国在一座建在荒郊的核电站中做了一个“核电站是否会发生爆炸”的试验，当各种条件促使“核弹药”达到并超过临界质量时，核电站内的反应堆果然发生了爆炸，随之堆芯变形，使爆炸无法继续，结果只是把各种碎片，包括几乎所有的核燃料，发散到反应堆周围约110米半径范围内，与中等数量的化学物质所发生的爆炸大同小异，绝不像原子弹发生爆炸时的情景。

二　核电与火电比较

核电与火电在形式上是比较接近的，它们都是利用热能发电，即都是将热能转换成电能的装置。但它们也有着许多根本的不同之处。首先，当你从远处眺望一座核电站时，映入眼帘的是高耸入云的“烟囱”。这会使人们想起火力发电站的大烟囱，烟囱中排出像一条条银

灰色巨龙的浓烟。但是核电站的“烟囱”是不冒烟的，因为它不是烟囱，而是巨大的通风管道。因此，核电站的厂区显得特别清洁。核电站没有火电厂必须有的供运煤的铁路专用线或泊船码头，没有像小山一样的煤堆，也没有巨大的储油罐，在核电站厂房周围的树木、花草上不会出现煤炭的灰迹。现在，我们再来说一说核电站的组成，它由两部分组成，分别称为“核岛”和“常规岛”。“核岛”包括反应堆及其辅助系统，而汽轮发电机部分称为“常规岛”。核电站是生产电能的工厂，通过高压电线，电被输送到城镇和工厂。一个核电站能够供应50万个家庭的生活用电！

你知道吗

核 岛

核电站反应堆厂房（安全壳）和核辅助厂房以及设置在它们内部的系统和设备的统称。

常规岛

核电站内的汽轮发电机组及其厂房（包括它的辅助构筑物），以及设置在厂房内的二回路系统及各种设施。

核电站利用蒸汽推动汽轮发电机发电，当然也要有蒸汽“锅炉”，这种“锅炉”不烧煤、不烧油，也不烧天然气，它“烧”的是核燃料，即铀金属，所以这样的“锅炉”被称为反应堆，也叫“核岛”。反应堆的样子看上去就像座碉堡，当然和蒸汽锅炉是截然不同的。关于反应堆，下面将专门进行比较详细的介绍。

对于提到的“燃烧”仅仅是一种比喻，正确的解释应该是这样的：铀原子核在分裂，把分裂的能量转变为热。也就是说，反应堆是一个可控的核裂变装置，在这里实现核能与热能的转换，裂变产生的热能，由冷却水传递至蒸汽发生器，产生蒸汽推动汽轮发电机发电。核燃料在“燃烧”时既没有火，也不冒烟，原子核的裂变人眼是无法看到的，但它能产生巨大的能量。

核燃料特别耐“烧”，1 千克铀的原子核如果全部分裂所放出的热量相当于燃烧 2700 吨优质煤放出的热量。一座装机容量为 600 兆瓦的火力发电站每天要烧掉 7200 吨优质煤，如果以每列火车一天运输 1500 吨计算，每天要有 5 列火车运输，可见全国火电厂每天要烧掉的煤数量惊人。而同样规模的核电站每天只需“烧”2 千克核燃料，在反应堆里一次装 600 千克核燃料就足够大半年之用了。核燃料经久耐用的特点对于山区、边疆等交通不便地区特别适用。

核反应堆所产生的蒸汽对温度和压力的要求比火电站低，因此核电站用的汽轮发电机要专门设计。当然，反应堆在运行时有放射性物质产生，核电站要增加特殊设备，从而增加了运行操作的复杂性。

在结束本节内容前，让我们对核电站作归纳性的介绍：

核电站又称核电厂，是用铀、钚等作核燃料，将它们在裂变反应中产生的能量转变为电能的发电厂，也就是将原子核裂变释放的核能转变为电能的系统和设备。

核电站是怎样发电的呢？核燃料在裂变过程中释放能量，经过反应堆内循环的冷却剂把能量带出并传输到“锅炉”，产生的蒸汽用来驱动涡轮机并带动发电机发电。其中以核反应堆来代替火电厂用的锅炉，并使核燃料在反应堆中“燃烧”产生热量，加热水变成蒸汽，蒸汽通过管路进入汽轮机推动汽轮发电机发电。核电站的奥妙之处在于核反应堆。

第四章 核反应堆

4

核反应堆是核电站的心脏，它分为两大类，一类是核裂变反应堆，另一类是核聚变反应堆。一般情况下，核反应堆是指核裂变反应堆。核反应堆是个大家族，成员众多，以核裂变反应堆为例，就可按用途分、按冷却剂和慢化剂分及按中子能量分等，进行多种分类。本章简单介绍几种常见的反应堆，它们是压水堆、沸水堆、重水堆、高温气冷堆、快堆和聚变堆。

第一节　核裂变反应堆

一　发现20亿年前的核反应堆

事情是这样的：1972年的一天，在法国皮埃尔拉特铀矿分析实验室里，化验员被一种异常的现象惊呆了，他们发现在一批铀矿石中，铀-235的含量比常规值低得多，最低的竟然只有0.29%。原来，自然界中存在的铀，主要由两种同位素组成，一种是铀-235，它应占0.72%，另一种是铀-238，应占99.28%，这种比例对无论从世界上哪一个铀矿中开采出来的铀都是一样的，甚至包括从海水中提炼出来的铀在内，无一例外。

实验室里的铀-235比例的突变使实验人员百思不得其解，开始时还以为是实验发生了错误，后来经过反复核实，证明即使是从非洲中西部，西临大西洋的加蓬采掘来的铀矿石也都存在这一反常现象。于是，科学家们亲自来到加蓬地区进行实地调查，结果竟发现了20亿年前发生自然核裂变反应后留下来的天然原子核反应堆。据分析，在

20亿年前，这里至少有6个天然核反应堆在运行，它们像近代的核反应堆一样时断时续地足足运行了几十万年之久！

然而最让人不解的是，这些位于加蓬共和国弗朗斯维尔城的奥克洛核反应堆，其链式裂变并未出现失控的痕迹，否则会导致矿脉被破坏，甚至发生爆炸的，然而那里一切都显得井然有序。那么奥克洛的天然核反应堆是如何完成自我有序控制的呢？据《自然》杂志报道，科学家们发现，相当于100千瓦核电站的奥克洛天然核反应堆裂变的进行和停止是有周期性的，在这几十万年里，每30分钟的裂变反应后就会有2.5小时的间歇。科学家们经过数十年的研究终于弄清楚了这座天然核反应堆的裂变过程：铀原子的放射性裂变释放出中子，从而引起其他铀原子的裂变，最终导致核裂变释放出热能之类的能量。现代的核反应堆正是运用这一原理来产生能量的。

那么，又是什么充当了这些天然核反应堆的缓和剂呢？科学家们经过观察与实验，认为是矿石中的水充当了这一角色。当铀原子发生核裂变时，被释放出的中子运行速度极快，以致不能被其他原子吸收，也就不能引发其他原子发生核裂变，但是水能让中子速度慢下来，在奥克洛这座天然核反应堆中正是水的作用使核裂变反应能持续下去。但产生裂变反应时会生成大量热，把岩石中的水分蒸干，没有了水这种天然缓和剂，反应堆就会停止运行。因此，只有当岩石冷却后，水分含量又得以补充，才会继续进行核反应。

上面介绍的是20亿年前的一座天然核裂变反应堆，不是空穴来风、天方夜谭，而是确切的事实。

二 核反应堆——原子锅炉

核反应堆是实现大规模可控核裂变链式反应的装置，也就是说，可以进行核裂变链式反应，并能对其进行安全控制的装置。根据对核反应堆的解释，它应该是一种核裂变反应装置，为什么会与“堆”这个词联系在一起呢？这里有两种说法，一是建造第一座核裂变反应装置时正值战争期间，必须高度保密，因此在来往电报中用“pile”一词作为“核裂变装置”的代号，后来当“核裂变装置”不再保密时，代号“堆”却保留下来了，“核反应堆”也就沿用至今。二是1942年，美国建成了世界上第一座核裂变反应装置，由于这个装置是用一块块石墨和一块块铀“堆”成的，故取名叫反应堆。

那么核裂变反应堆又为什么和“原子锅炉”画上了等号呢？简单地讲，它是科学家对反应堆的一种形象化叫法，亦即反应堆就是“锅炉”，为区别于普通的锅炉，于是就称之为原子锅炉。

我们知道，火力发电厂是通过锅炉燃烧煤炭、石油等化石燃料产生蒸汽，然后引出蒸汽去推动蒸汽轮机带动发电机发电。核电厂同样是生产蒸汽去推动蒸汽轮机带动发电机发电，它们两者的不同之处仅仅反映在生产蒸汽的方式上，火力发电厂用的是庞大的锅炉，而核电厂用的是核反应堆。核反应堆和普通锅炉的作用是一样的，因此形象化地将核反应堆也称作“锅炉”，但因为核反应堆这种“锅炉”出自原子核，因此赋予“原子锅炉”称号是最形象化也是最恰当不过的了。

三　核裂变反应堆的基本组成和分类

核裂变反应堆虽然是个大家族，成员众多，但是其基本组成都是大同小异的，由堆芯、冷却系统、慢化系统、反射层、控制与保护系统、屏蔽层、辐射监测系统等组成。

你知道吗

堆　芯

核反应堆内能进行链式裂变反应的区域。

堆芯由燃料组件构成，是反应堆的“心脏”，装在压力容器中间。反应堆的燃料是什么呢？是一种比较稀有的可裂变材料——铀，相当于火力发电厂中燃烧的煤和石油。在自然界中天然存在的易于裂变的核燃料只有铀-235。另外，还有两种利用反应堆或加速器生产出来的裂变材料为铀-233和钚-239。用这些裂变材料可以制成金属、金属合金、氧化物、碳化物等形式的反应堆燃料。

秦山核电站二期反应堆压力容器

堆芯的芯块是由二氧化铀烧结而成的，含有2%～4%的铀-235，呈小圆柱形，直径为9.3毫米。把这种芯块装在两端密封的锆合金包壳管中，成为一根长约4米，直径为10毫米的燃料元件棒。将200多根这样的燃料棒按正方形排列，再用定位格架固定，就组成了燃料组件。每个堆芯一般由121～193个组件构成。

岭澳核电站二期机组开始堆芯首次装料

为了控制链式反应的速度，使其保持在一个预定的水平上，需要用吸收中子的材料做成吸收棒，这种吸收棒叫做控制棒或安全棒。它按吸收中子的多少对反应堆起控制作用，让反应堆按照人的意愿运行。

控制棒有棒形、片形、十字形等多种结构形式。常把多根控制棒组合在一起制成控制棒组件，控制棒能在高温、高压和高辐射等恶劣条件下长期工作，因此控制棒被誉为能控制反应堆运行的神奇的“金钥匙”。常用硼（B）、镉（cd）、铪（hf）、银（Ag）等材料及其化合物或合金制成。

为了将裂变时产生的大量热量从堆芯中输送出来，反应堆必须有冷却剂，常用的冷却剂有轻水、重水、某些气体（如二氧化碳、氦等）及液态金属（如金属钠等）。水是最常用的和优良的冷却剂。冷却剂必须具有良好的物理和化学性质，经济性要好，使用方便等。也就是冷却剂应该具有辐射稳定性好、熔点低、沸点高、排热性能好、

控制棒驱动系统

热稳定性好等特点。

应用表明，慢速中子更容易使铀-235产生裂变，所以在反应堆中要放入能使中子速度减慢的材料，这种材料称为慢化剂，一般使用的慢化剂为水、重水、石墨等。石墨具有良好的力学性质和热稳定性，价格也便宜，是一种良好的慢化剂。水的慢化能力强而且价格低廉，取用也方便，常被用作反应堆中的慢化剂。当然，重水从性能上讲是最好的慢化剂，但昂贵的价格会影响它的使用。

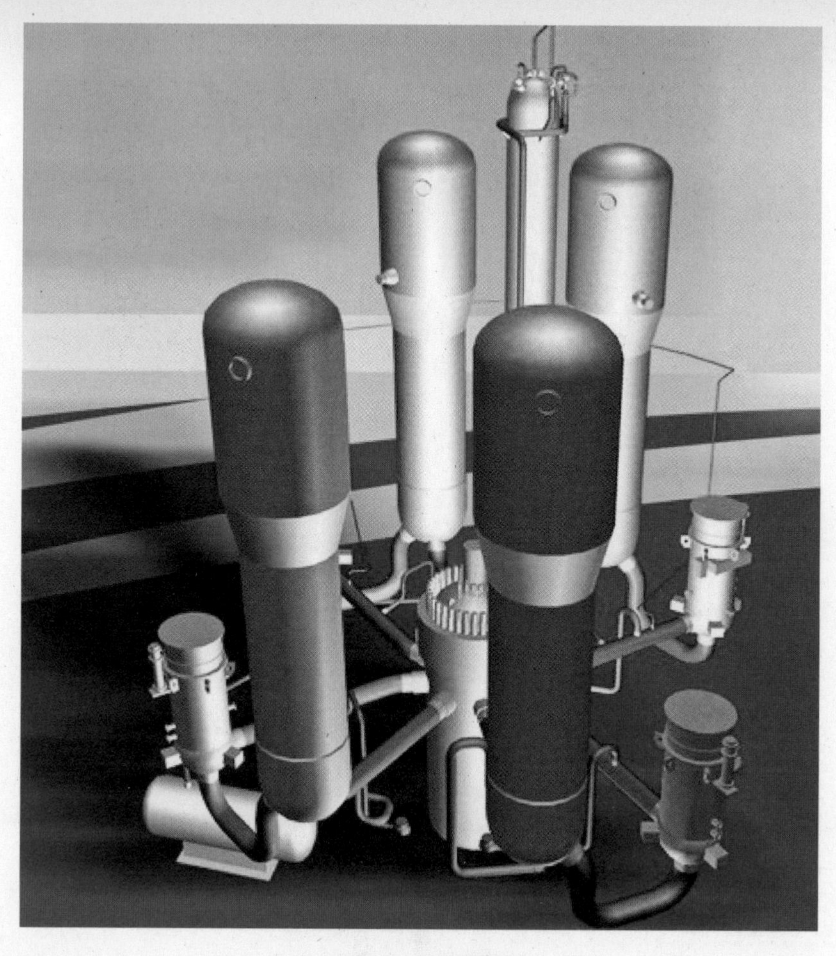

反应堆及冷却剂系统

慢化剂

慢化剂为反应堆中为使快中子能量降低而使用的一种材料。如裂变产生的中子是快中子（高能中子），慢化剂可将快中子变为热中子（低能中子）。

反射层的作用是减少中子的泄漏（中子是进行核裂变反应的“尖

兵”）和减少对反应堆容器的辐射误伤。常在堆芯周围设置一层由具有良好散射性能的物质构成的中子反射层，可以把从堆芯逃脱的中子散射回堆芯。反射层通常也采用水、重水或石墨作材料。

屏蔽层又叫生物屏蔽层。由于中子无孔不入和γ射线穿透能力强，反应堆运行时难免会有少量中子和γ射线逸出反应堆，可带走约10％的核能，为了尽可能地屏蔽这部分中子和γ射线的逸出，同时防止周围工作人员遭受中子和γ射线的损伤，通常在堆芯外围构造屏蔽层，屏蔽层为钢筋比例很高的混凝土，也可选用铅、铁以及石墨和水等作材料。

辐射监测系统是由多种仪表、计算机、电气设备及电子元器件等组成的庞大、复杂、高度自动化的控制和监测系统。

核裂变反应堆的分类可以说种类繁多、五花八门：若按“中子通量”的高低可分为高通量堆和一般通量堆；若按堆内“中子能量”可分为热中子堆、中能中子堆和快中子堆；若按燃料类型可分为天然气铀堆、浓缩铀堆、钍堆等；若按用途分有动力堆、生产堆和研究堆，等等。常用的是按用途分类的分类方法。

动力堆主要是利用核裂变释放的能量产生动力，世界上最早的动力堆是用来推动潜艇而不是用来发电的。世界上第一艘核动力潜艇是美国的“鹦鹉螺”号，于1955年1月17日建成正式航行，这艘潜艇长98.6米，宽8.4米，下潜深度200米，可以在水下连续航行50天，航行几万至几十万海里都不需添加燃料。据报道，迄今世界上已建造了超过700艘核动力潜艇。美国还于1957年建成了世界上第一艘核动力巡洋舰“长滩”号，于1958年建成世界上第一艘核动力航空母舰“企业”号。总之，动力堆中有作为推进用的动力堆、核电站用的动力堆和供热用的动力堆。

生产堆主要用于生产裂变材料、其他材料，或用作辐照。20世纪50年代，美国和苏联采用石墨水冷技术建成热功率达600兆瓦至1800兆瓦（1兆瓦＝1000千瓦）的生产型反应堆。美国在1963年建成热功率为4000兆瓦、电功率为850兆瓦的生产发电两用堆，1975

年我国建成的第二座天然铀石墨反应堆等都属于这种类型的核反应堆。国际上生产堆主要为军用，如生产能够制造核武器的易裂变材料钚-239。

研究堆是用作实验研究用的反应堆。实验研究的领域很广泛，包括物理、化学、医学、生物等方面。研究堆的种类也很多，如游泳池式研究堆（这种堆，水是绝对的主角，而水池往往做成游泳池状的长圆形而得名）、罐式研究堆、重水式研究堆等，中国曾建成游泳池式、重水式等多种研究堆。据国际原子能机构统计，从 1955 年至 2002 年全世界共有 61 个国家建成 651 座研究堆。比较大的研究堆有 9 座，分别由美国、苏联、日本、法国、中国等国制造。

第二节　各种类型反应堆简介

我们已经知道核反应堆类型众多，可达 900 多种设计，但能够在实践中得到应用的却很有限。在这一节中，简单介绍几种常用的核反应堆。

一　压水堆

在核能发电中被广泛使用的动力反应堆就是压水堆，世界上已建成的核电站中采用压水堆型的约占三分之二，其装机总功率达 70%。我国自行设计和建造的第一座核电站——秦山核电站是压水堆型，大亚湾两套核电机组也是压水堆型，以及随后建造的秦山核电站二期、田湾核电站、岭澳核电站均为压水堆型，压水堆型机组是我国发展核

电的主要机组，称为“半壁江山压水堆”实在不为过。

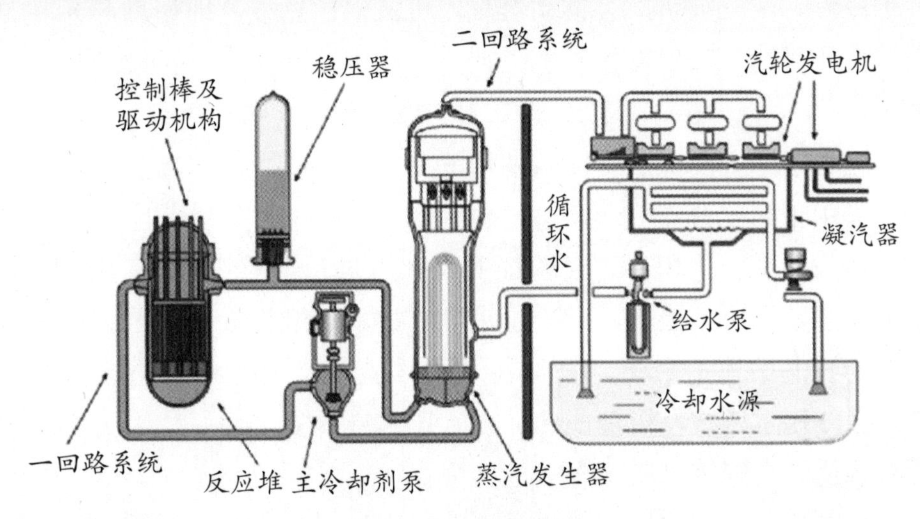

压水堆型核电站原理图

关于压水堆还有一个小故事，那是第二次世界大战刚结束不久，美国海军部派出一个技术小组去橡树岭实验室学习核反应堆技术，带队的是里科维上校，后来他成为海军核反应堆处的处长，他以非凡的勇气和大胆的部署，进行了卓有成效的工作，于1954年建成了美国第一艘核潜艇，而在这第一艘核潜艇中采用的就是压水堆型反应堆，其既安全又可靠，并成功地进行了环球航行。之后，昔日的里科维上校因建核潜艇有功晋升为少将，原子能委员会交给他建造大型核动力装置的任务，1954年核电站在宾夕法尼亚州的希平港破土动工，引人注目的核反应堆仍然是压水堆型。1957年12月，该压水堆型核电站送出源源不断的核电能源。压水堆型反应堆创造了美国发展核电的历史，在其他国家不也是如此么?!

那么，什么是压水堆？压水堆采用轻水（即普通水）作为冷却剂和慢化剂，并把整个堆芯置于一个压力容器内，水在其中的间隙流过，这时水的压强约为150个标准大气压，水温达300摄氏度而不沸腾，压水堆由此而得名。压水堆中设有两个回路，即“核岛”的主回路（又称一回路）和“常规岛”的二回路。两个回路的水不直接接

触，只在蒸汽发生器内进行热交接，将一回路的热量传导给二回路并产生蒸汽，蒸汽被引出去推动蒸汽轮机发电。这样，即使堆芯元件出现损伤或泄漏，放射性物质也只在一回路中循环，不会扩散到二回路中去。

压水堆的主要优点可以归纳为三个方面：(1) 压水堆投资低，因为它采用普通水作为冷却剂和慢化剂，水的价格便宜，且慢化能力强、结构紧凑、体积小。经验证明，在各类反应堆中，若功率相同，压水堆的基建成本最低。(2) 压水堆在技术上最为成熟，因为以压水堆型的核电站建造最多，自然在压水堆上积累的经验也最多，改进快，促使压水堆技术更加成熟。(3) 压水堆的安全性好，因为压水堆设有多道安全屏障，防范事故能力强。

目前典型的压水堆核燃料是由低浓度的二氧化铀芯块制成的。圆柱形芯块的尺寸只有一节手指般大小，它们挨个放在壁厚约 0.6 毫米的锆合金管子内，然后密封起来，组成一根长为 3～4 米的燃料棒。锆合金管用来防止燃料与冷却剂发生作用，同时把产生的放射性裂变物保存在管内，锆是极为理想的堆芯结构材料，因为它几乎不吸收中子。用定位架将约 200 根燃料棒按正方形的栅距排列起来，组装成 15×15 或 17×17 的棒束，称为燃料组件。将上百个燃料组件安装在一起，组成一个近似圆柱形的堆芯，再把它架在钢制的厚壁容器中央，就称为压水堆。冷却剂自下而上流过堆芯，带出裂变能量。

由银、铟、镉制成的控制棒，通过容器的顶盖插入燃料组件之中，改变控制棒插入堆芯的深度，就可调节中子的数量，从而控制反应堆的功率。经过对燃料组件的不断改进，目前最大的压水堆型核电站的单堆发电能力已达 130 万千瓦，它以反应堆为中心，有四个环路，每个环路均有一台蒸汽发生器和一台立式主循环泵，高压水由主泵驱动，经过堆芯吸收热量，然后沿着环路进入蒸汽发生器，在那里放出热量，之后又流回到主泵的入口，冷却剂不断循环流动，完成输送热量的任务。在蒸汽发生器内，二回路的水吸收热量后变成蒸汽，进入汽轮发电机组发电。

你知道吗

控制棒

反应堆内用于控制反应性的可移动棒形部件，用碳化硼，银、铟、镉合金等强吸收中子的材料制成。

压水堆中的冷却剂、慢化剂和反射层都采用普通水，由于普通水价格低廉而且在过去的火力发电厂中应用了 200 多年，且人们对水的应用已积累了丰富的操作经验，因此压水堆是一种安全、经济可靠的堆型。因而压水堆在核电厂中占有主导地位，目前压水堆提供了世界核电总发电量的半数以上，压水堆型核电站具有旺盛的生命力。

二　沸水堆

沸水堆与压水堆相似，也用普通水作为冷却剂和慢化剂。沸水堆型核电站由反应堆系统、蒸汽给水系统、反应堆辅助系统等组成。它的工作过程是这样的：冷却剂从堆芯下部流进，在沿堆芯上升过程中，从燃料棒那里获得热量，冷却剂变成蒸汽和水的混合物，经过汽水分离器和蒸汽干燥器，分离出的蒸汽推动汽轮发电机组发电。

最早致力于沸水堆研究工作的是美国通用电气公司。1957 年 10 月 24 日第一座沸水堆型核电站——瓦莱雪脱斯核电站在美国加利福尼亚州投入运行，发电功率为 5000 千瓦，它实际上是一个试验装置，为再建大型沸水堆型核电站提供了经验。

1960 年 8 月，在美国芝加哥西南 80 千米处建成了当时世界上功率最大的核电站——德累斯顿沸水堆型核电站，发电功率为 18 万千瓦，由于它的出色工作，使沸水堆确立了在核电事业中的地位，还吸引了国际市场，意大利、联邦德国、荷兰、印度、日本等国纷纷提出订货，沸水堆一时名声大振。随之，1969 年，牡蛎湾核电站的发电

功率达67万千瓦，1973年，勃朗斯·费莱核电站的发电功率超过百万千瓦（为106.5万千瓦），与大型压水堆型核电站的发电功率不相上下。

这里简单介绍一下沸水堆：它由压力容器、燃料元件、十字形控制棒和汽水分离器等组成。汽水分离器置于堆芯的上部，它的作用是把蒸汽和水滴分开，防止水进入汽轮机，以免造成汽轮机叶片损坏。其沸腾的水是冷却剂也是慢化剂，但冷却水的压强仅为70个标准大气压，当水通过堆芯变成约285摄氏度的蒸汽时就可直接引入汽轮机。这样，沸水堆只需一个回路，省去了容易发生泄漏的蒸汽发生器，相比压水堆要简单。但沸水堆送出的蒸汽带有放射性，因此，汽轮机、冷凝器和给水系统均需加以屏蔽，划入放射性控制范围内。

沸水堆有一个与众不同的特点是反应堆内有气泡，且气泡的密度在堆芯内会发生变化，在沸水堆的发展初期人们认为这种状态可能会影响运行的稳定性，但运行实践表明，这种气泡的存在反而使反应堆的运行更加稳定，具有更好的控制调节性能等。

以一座发电功率为1100MW沸水堆型核电厂为例，其压力容器高约21米，直径为6.4米，壁厚178毫米，重达800吨，整个沸水堆被包在钢筋混凝土制成的安全壳内，其堆芯则放置于压力容器下部，它由燃料组件、控制棒及中子测量器等构成。燃料组件内燃料棒按7×7或8×8正方形排列，棒直径约为12.5毫米，长约4米，燃料采用二氧化铀芯块，铀-235的浓度为2%～3%。控制棒呈十字形，横断面插在4个组件之间，由碳化硼制成。堆芯内有750～800个燃料组件（每个含63根燃料棒）和100～200根控制棒，构成直径约为5米、高4米的反应堆堆芯，调整控制棒的插入深度，即可调整反应堆的功率（控制棒自压力容器的底部由下而上，插到燃料组件之间的间隙中），同时还可改变堆芯内冷却剂的流动速度从而调整功率的变化（功率调整达25%左右）。

三 重水堆

加拿大从 1952 年开始进行重水堆的研制，花了近 20 年时间，成功研制出利用重水作为冷却剂和慢化剂，并采用天然铀作为核燃料的重水反应堆。

所谓重水，是从天然水中分离出来的，它是重氢（即氘）和氧的化合物，比重为 1.1，在 101.4 摄氏度时才沸腾，在 3.8 摄氏度下就开始结冰的一种水，在天然水中仅占 0.02%。

重水几乎不吸收中子，因此反应堆中可以用天然铀-235（铀含量占 0.7%），这样可以不用花大量费用去建造铀浓缩工厂（但是要将重水从普通水中分离出来也不是件容易的事情，同样要付出巨大的代价）。

加拿大发展重水堆经过了三个阶段。1962 年建成发电功率不到 2500 千瓦的试验堆，1968 年道格拉斯角建成第二座重水堆型核电站，发电功率增大到 20 万千瓦，1973 年建成皮克灵商用核电站（共建有 4 座重水堆，每座输出发电功率 50 万千瓦）。1981 年全世界利用率最高的 10 座核电站中，重水堆就占了 6 座，我国的秦山核电站三期就是从加拿大引进的加压重水堆型核电站（装机容量为 2×750MW），可见它在世界核电市场上占有举足轻重的地位。

重水堆可以用重水作为冷却剂，也可用普通水作为冷却剂。以重水作为冷却剂的重水堆可分为压力容器式和压力管式两种，经过实践，只有压力管式重水天然铀反应堆取得成功。重水堆的热能传送和转化成电能的过程与压水堆是相同的。

重水堆最吸引人的地方是，能够极有效地利用核燃料，由于普通水吸收中子比重水多 600 倍，因此可以用天然铀作为燃料，而且燃料在反应堆内被使用后，铀-235 的浓度从原来的 0.72%下降到 0.13%，这个数字显示，比浓缩铀工厂尾料中的铀-235 浓度还要低很多，这同样说明了利用重水堆可以从所开采的铀中获取最多的能量。当生产同样的电能时，重水堆所消耗的天然铀只相当于压水堆、沸水堆的

70%。

此外，重水堆中采用了不停堆装卸燃料的自动化设置，它可以回收由铀-238吸收中子而转换成的钚-239。在消耗同样多的天然铀的条件下，重水堆的产钚-239量达压水堆的2～2.5倍，这对能源的开发和利用意义重大！

重水的价格比普通水贵得多，因此重水反应堆的造价要略高于压水堆。

四　高温气冷堆

高温气冷堆采用耐高温的石墨作为慢化剂，有优异热工性能的氦气和陶瓷型包覆颗粒燃料，使这种堆型具有很高的运行温度（750～950摄氏度）和热效率（40%～60%）。其堆芯通常由带孔洞的六角形石墨棱柱砌体组成，在这些石墨块中钻了许多垂直孔洞，可以插入3万根左右的燃料棒。氦气通过石墨中其他的垂直孔洞流动，冷却剂的通道数与燃料棒数之比接近1∶2，控制棒从上方插入堆芯中一些较大的孔洞中。

早在20世纪60年代，英国、美国、联邦德国先后建成三座实验性高温气冷堆，1968年联邦德国建成了砾石层堆，经过多年试运行，积累了丰富的经验后才建成300MW高温气冷原型核电站。

在高温气冷堆中，冷却剂氦气由循环鼓风机从堆芯底部引入，通过堆芯石墨块从轴向孔洞中流动，被加热到750摄氏度以上的高温氦气直接进入蒸汽发生器，将二回路水变成蒸汽送到汽轮机发电，而被冷却的氦气由循环鼓风机再送入堆芯完成闭路循环。

高温气冷堆的主要优点：高温高效率，其核电站的热效率可达40%，与新型火力发电站相仿；高燃耗；高安全性，其堆芯热容量大，即使在丧失冷却剂的情况下，余热仍可由各种传热方式排出，堆芯不会被熔化；对环境污染小，由于氦气性质稳定，一回路放射性剂量低，加上它的热效高，排出的废气比压水堆少35%～40%。

然而，至今高温气冷堆在技术上还存在不少难题有待攻克，这显

然会影响它的发展。但高温气冷堆仍具有综合利用的广阔前景（既可发电，又可直接提供冶金及化工等生产上所需的高温热源等），因此，我国的“863”计划中也列入这一重要开发项目，一些国家则将其列入长期发展的规划之中。

五　快堆

现在广泛建造的各种核电站（如本书已介绍的压水堆、沸水堆、重水堆、高温气冷堆核电站），其裂变反应主要由热中子引起，因此统称为热中子堆或热堆，这类反应堆可采用低浓度铀作燃料，其中重水堆甚至还可采用天然铀作燃料，但堆内要装入大量慢化剂，使中子慢化，从而使一部分热中子被白白浪费了，而且只能利用铀资源的1%～2%。

科学家们早就想到如何直接利用快中子进行裂变反应，而且裂变的概率不低于慢中子（也就是反应堆内不装慢化剂），这种堆就称为快堆，它是一种以快中子引起易裂变核铀-235或钚-239等裂变链式反应的堆型，又称为快中子增殖堆。

为什么叫做增殖堆呢？我们知道任何反应堆在运行时，能使堆芯内的铀-235或钚-239等被裂变消耗，同时又生产出裂变燃料（如钚-239等），这种堆内新产生的裂变物质和消耗掉的裂变物质之比称为转换比。实践表明，压水堆的转换比只有0.6，而快中子增殖堆的转换比却大于1，即每“烧”掉一个裂变原子的同时，会形成一个以上新的裂变原子。这样，反应堆内的核燃料不是越“烧”越少，而是越“烧”越多，过了一段时间，一个反应堆内积存的燃料或许可以分别供应两个反应堆使用，这就叫核燃料的“增殖”。“增殖”的途径有两条，一条为铀-钚循环，另一条为钍-铀循环。铀-钚循环是指利用铀-238产生钚-239，钚-239制成燃料元件后在堆内裂变又可使铀-238发生转换。钍-铀循环是指利用钍-232产生铀-233，铀-233“燃烧”时，又使钍发生转换。

要使燃料实现增殖，利用快中子增殖堆是一条有效的途径，这是

什么原因呢？前面我们说过，中子的运动速度增快，一般它发生核反应的机会就要减少，但例外的是，它被铀-238俘获的概率却增加了，原因就是铀-238有一种“共振吸收”的本领。依靠这种本领，它可以把很多中子俘获过来，使自己变成钚-239，达到增殖的目的。

为了保证中子不被慢化，首先，快中子增殖堆没有慢化剂，堆芯的燃料元件排列得非常紧凑。其次，由于快中子使铀-235发生裂变的本领不如热中子，必须提高堆芯燃料中铀-235的浓度或添加一部分钚-239。第三，在堆芯的外围放上贫铀（铀-235的含量比天然铀还要少，称贫铀）或钍-232组成的增殖区，逮住从堆芯内逃出来的快中子。与热中子相比，快中子增殖堆在更小的堆芯内产生大量热能，因此要求冷却剂具有更好的导热性能，一般选用液态金属来导出堆芯中的热量，目前，最成熟的是用液态钠作冷却剂。

增殖最早是于1946年在美国一座小试验堆上实现的，这是一座用钚作燃料，水银作冷却剂的反应堆。在这个基础上，美国又建造了试验增殖堆EBR-1。它用浓缩铀作燃料，钠-钾合金作冷却剂。这座反应堆在核电发展史上具有重要的一页，因为它是最早把核能转化成电能的增殖反应堆，1952年2月，它首先用核裂变产生的能量带动了一台汽轮发电机，用4个灯泡发出的光照亮了漆黑的爱达荷沙漠。

60年来，快中子增殖堆在很多国家经历了实验堆、原型堆和商业示范堆的发展过程，曾先后建造过几十座快中子增殖堆，发展得比较好的是法国，它的“凤凰”快中子增殖堆和“超凤凰”快中子增殖堆，都采用一体化的池式结构，反应堆容器是一个很大的不锈钢池子，直径为22米，高10米，壁厚35～50毫米，堆顶是3米厚的钢和混凝土做成的盖板。在钢池中除堆芯以外，还放着一回路钠泵、钠-钠热交换器，这就保证放射性钠不会离开反应堆容器。一回路钠由下而上经过核燃料，加热至545摄氏度后进入钠-钠热交换器。反应堆容器外面还包有一个同样厚度的钢容器。再将整个装置装在1米厚的混凝土安全壳内，真是重重设防，处处保驾！

法国“超凤凰”快中子增殖堆

我国也正在向研究设计生产快中子增殖堆方向发展。快中子增殖堆是世界上第四代先进核能系统的主力堆型，代表了第四代核能系统的发展方向。我国首先研究设计建造实验快中子增殖堆，并列入国家“863”计划。在长达20多年的实验快堆的研制过程中，我国已全面掌握了快堆技术，取得了一大批自主创新成果和专利，实现了实验快堆的自主研究、自主设计、自主建造、自主运行和自主管理。我国的实验快堆于2009年5月开始进行系统调试，并于2010年7月实现首次核临界，于2011年7月21日成功实行并网发电。这标志着列入国家中长期科技发展规划的前沿技术的快堆技术取得了重大突破，也标志着我国在占领核能技术制高点，在建立可持续发展的先进核能系统上跨出了重要的一步。

我国的实验快堆工程示意图

这次成功并网发电的实验快堆是我国快中子增殖堆发展的第一步，它也采用了先进的池式结构，核热功率为65兆瓦，实验发电功率为20兆瓦，是目前世界上为数不多的大功率、具备发电功能的实验快堆，其主要系统设置和参数选择已超出实验范围，与大型快堆电站相同，其安全性也达到了第四代核能系统的要求。在此基础上，中核集团公司已经着手研发百万千瓦级商用快堆电站技术。

六　聚变裂变混合堆

聚变裂变混合堆简称混合堆，它是利用聚变反应室产生的中子，使在聚变反应室外的铀-238、钍-232包层中生产钚-239或铀-233等燃料的反应堆。

如果从生产燃料的角度来看，聚变中子的作用比裂变的中子的作用要大得多，原因在于具有高能的聚变中子去轰击铀-238或钍-232靶

时，会产生核燃料增殖过程，并释放出比聚变中子能量低但数量增加数倍的“次级中子”，这些次级中子除一部分可使铀-238及钍-232裂变继续放出中子外，还有一部分使铀-238及钍-232变成钚-239及铀-233这样一些优质的核燃料。

在相当厚的天然铀靶内，一个聚变中子可以生产出22倍于它所携带的能量，并获得5个钚-239原子核，因此在聚变反应室外放置一层足够厚的由天然铀、铀-238或钍-232组成的再生区，聚变中子就可以在再生区中生产出钚-239及铀-233，并释放出裂变能，这个再生区又叫混合堆的裂变包层。

混合堆可分为快裂变型混合堆和抑制裂变型混合堆。快裂变型混合堆是利用聚变生产的高能中子在裂变包层产生一系列串级核反应，可大量生产钚-239或铀-233燃料。而抑制裂变型混合堆则是在包层中放入大量的铍等慢化剂，使聚变产生的高能快中子慢化为热中子等低能量中子，这些中子难以使铀-238及钍-232裂变，主要使它们变成钚-239、铀-233，并将它们提取出来，减少裂变的可能性。

由上述可以看出，混合堆中的聚变只要求产生的能量与消耗的能量相当就可以了，因此混合堆中对聚变的要求相对容易实现。

七　聚变堆

聚变堆是能够产生核聚变的反应堆。在本书第一章中我们已经介绍过核聚变，而在本书的第八章中还要比较详细地介绍核聚变，所以这里仅简单提一下。

5

第五章
核电站的安全防护

核能是安全清洁的能源，但核电站确实已发生过多次严重的核泄漏事故，造成人民生命财产的重大损失，也使我们赖以生存的自然环境受到破坏，且不是在短时间内就能得到恢复的。所以我们必须将对核电站的安全发电、对反应堆的安全运行、对生态环境的大力保护提高到极端的高度，并采取一系列措施保证核电站的安全，让广大人民生活在没有核恐慌的环境中。

第一节　反应堆的安全保护系统

反应堆安全保护系统大致可分为：（1）堆芯保护，基本出发点是防止堆芯烧毁，必须在任何情况下防止燃料元件（组件）包壳过热，保证燃料包壳不破裂，防止裂变产物泄出；（2）启动保护，在反应堆启动或由低功率升到高功率的过程中，可能由于错误操作，控制棒等提升过急等原因，造成功率变化速度太快，引起超温和超功率，因此，要限制反应堆功率的提升速度；（3）停堆保护，反应堆在运行时，其安全棒处在完全抽出位置，调节棒部分插在堆芯，如果冷却剂中硼浓度稀释，调节棒则必然下插，为了保证调节棒有足够的停堆反应余量（即停堆反应性储备），必须限制调节棒的下插深度；（4）快速停堆保护，包括稳压器高水位保护、蒸汽发生器低水位保护、失负荷保护、地震保护以及根据需要手动停堆。

必须注意：在低功率或反应堆启动过程中要切除所规定的某些停堆保护，因为这时不需要这些保护，若不切除就有可能干扰设备的正常操作和运行。

第二节　反应堆的监测系统

反应堆设置了监测系统，它们如同为操作人员提供了许许多多双眼睛，自动监视着反应堆的工作状态。这些监测系统有：

一　热工测量系统

热工测量系统用来指示和记录启动、停闭和正常运行过程中必须监督的温度、压力、液位、流量，还有一些水质参数、废气分析等，为核电站的控制、调节和安全保护系统及运行人员提供信号。

温度测量中重要的有冷却剂温度测量、堆内温度测量等。冷却剂在反应堆进口和出口处的温差反映了反应堆的功率，也在一定程度上反映了反应堆的安全性，因此反应堆进、出口处的温度是核电站的重要监测参数。测出的温度信号要送到调节和保护系统，所以要求测出数据的精度要高，为此采用铂电阻温度计来测量冷却剂温度，通常用两支铂电阻温度计来测定，即把两支铂电阻温度计装在一个不锈钢套管中，相互作为备用。铂电阻温度计安装在由蒸汽发生器进口到出口以及主泵出口连接的两条旁路上面，而不直接安装在反应堆的进口和出口处，原因在于反应堆进、出口处冷却水的流速和冲击力都很大，若直接插在那里，温度计有可能被冲断，使损坏的温度计随着冷却剂流进堆芯或主泵中造成事故。

堆内温度测量是指测量冷却剂在燃料组件出口处的温度，测量的目的是为了验证堆芯设计参数和计算各热管因子可以决定堆芯最大可

能输出的功率。

二　核测量系统

反应堆的核测量系统包括反应堆外核测量系统和堆芯内中子注量测量系统。

堆外核测量系统是用来测量和记录反应堆从中子源功率水平到满功率水平的平均中子注量，以监测反应堆的变化速度。（这种方法与用温度计在反应堆进、出口处测量相比，不仅速度快而且测量精度高）

堆芯内中子注量系统用于测量堆芯在稳定工作状态下径向和轴向的热中子注量分布，该系统安装在堆芯内适当的位置上。

三　控制棒的位置测量

控制棒的位置测量给出的是控制棒“到底”还是“到顶”信号以及控制棒失步信号和为控制保护系统提供连锁信号。那么如何测量控制棒在堆芯中的位置呢？在控制棒驱动机构内装有电磁感应线圈式位置传感器，当控制棒在堆芯内移动一段距离后，相应的二次线圈的感应电压升高，发出棒位粗测信号进而产生棒位精确信号。综合粗测和精测信号，就可测得每根控制棒在堆芯的准确位置，还能为控制棒“到底”或“到顶”发出警报信号，为操作人员进行启动、停堆、升降功率等提供控制棒的位置信息。

一个核电站的监测点有成千上万，这里涉及的仅是反应堆监测系统中某些重要参数的测量。

第三节　核电站的辐射防护

一　辐射防护的基本原则

反应堆是核电站产生核能的装置，反应堆是以热能的形式将核能释放出来的，从这点来说它与普通的锅炉是相似的，所以人们也称反应堆为“原子锅炉”。但是，它除是热源外，还是一个强放射性的辐射源，无论α射线、β射线、γ射线或是中子，在一定条件下都会对人体和环境产生有害的影响，因此采用各种防护措施，对放射性辐射进行有效控制，以保证核电站正常的运行，是核电生产中的一项重要任务。辐射防护就是防护电离辐射（如α射线、β射线、γ射线、X光机和加速器装置产生的X射线和电子束等）对人及环境产生有害效应的一门技术，也是核技术领域中的一门重要分支。目的在于为人类在开展某些可能受到辐射的实践活动时提供一个适宜的防护标准。具体来说，辐射防护的目标就是使辐射剂量保持在限定的数值下，为人们创造一切必要而又可能的条件以安全地从事有核辐射的活动，保护人类。

在自然界中存在着天然放射性，它们来自宇宙射线，也来自地球矿藏中的放射性元素，如镭、钍、铀等。例如镭会自发放出α射线、β射线、γ射线。而由于人们生产或生活活动（如核电站、X光机和彩色电视等）而产生的放射性称为人工放射性。各种放射性对人体的影响是不相同的，因此可以采取不同的防护措施。α射线的危害很

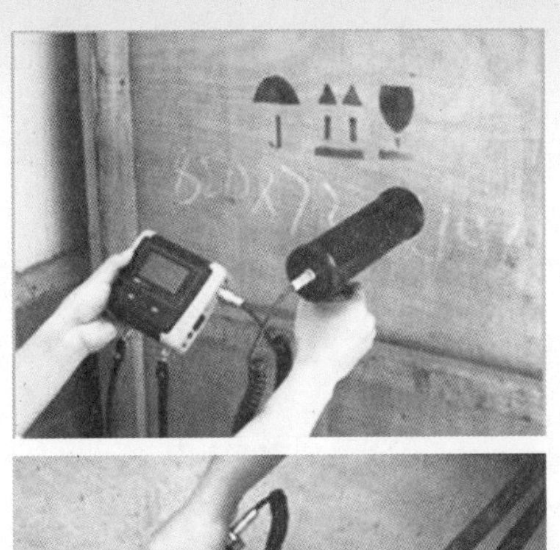

多探头辐射测量仪

小，但是α射线可以通过吸入、吞食或皮肤吸收进入人体内，在人体内长时间停留也会造成伤害。β射线比α射线的射程长，但是也只有那些具有较高能量的β射线在人体组织中可以穿过几毫米以上。γ射线的穿透力相当强，它能穿入人体纵深部分，会造成人体较大的损伤。中子对人体的影响主要是它会与人体组织中的氧、氢等元素发生核反应而损害人体。

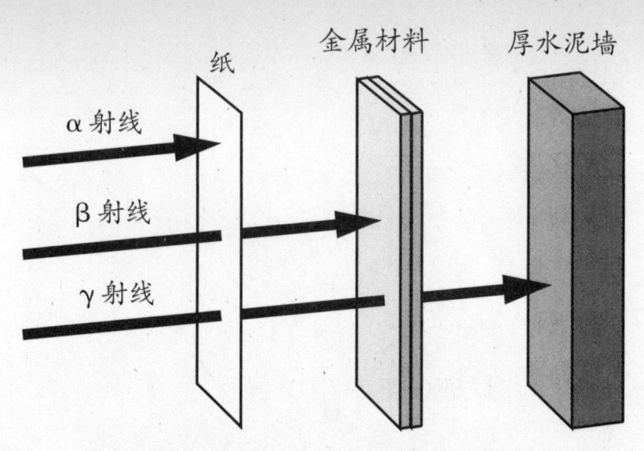

α射线、β射线和γ射线穿透示意图

经过长期实践，国际辐射防护领域的专家们总结了全世界公认的辐射防护三原则，即实践的正当性、防护的最优化和个人剂量的限值。

实践的正当性：在进行任何有核辐射的活动之前，人们都必须经过正当性判断，确认这种实践具有正当理由，获得的利益大于所付出的代价（包括健康损害和非健康损害）。

防护的最优化：当人们在从事有辐射的活动时，应该避免一切不必要的照射，所有的照射都应保持在可合理达到的尽量低的水平，简称“合理可行尽量低”。

个人剂量的限值：也就是对个人所受的辐射量加以限值，其剂量的限值是不允许接受剂量范围的下限，而不是其上限。

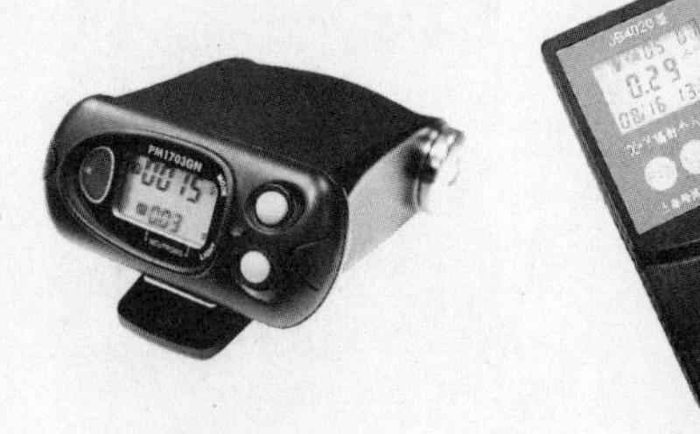

根据国际原子能机构制定的辐射基本安全标准，结合我国具体情况制定的对个人剂量限值规定为：对辐射工作人员，连续5年的年平均有效剂量为20毫希（但不可作任何追溯性平均），连续5年中的

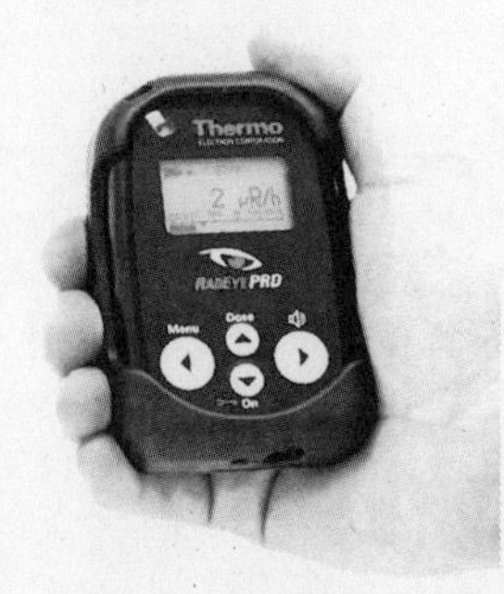

便携式辐射测量仪

任何单一年份的年有效剂量为 50 毫希，但连续 5 年平均有效剂量不得超过 20 毫希；对普通大众，年有效剂量为 1 毫希，特殊情况下，若连续 5 年平均有效剂量不超过 1 毫希，其中某一单一年份的有效剂量可提高到 5 毫希。毫希是用于人体辐射防护量的一个单位名称，符号表示为“mSv”，若为微希，符号则表示为“μSv”。

你知道吗

计量单位

希沃特简称希，是辐射剂量当量单位。

1 希表示每千克组织中沉积了 1 焦耳的能量。

1 希＝1000 毫希

1 毫希＝1000 微希

1000 微希/时：是指在这样的环境中停留 1 小时所吸收的辐射剂量。全世界平均的天然辐射约为 2400 微希/年。

二　辐射防护：对外辐射防护、对内辐射防护

核辐射在通过物质时，由于发生电离现象，在一定条件下会使人体引起某种生物效应（即当辐射能量传递给肌肉的分子、细胞、组织和器官时，所造成的形态和功能的不良后果）。这种辐射来源分为对人体的外部辐射及通过呼吸、饮食使放射性物质进入人体内形成的内部辐射。为了保障辐射工作人员和普通大众的安全，必须采取相应的防护措施。

1. 对外部辐射的防护。

对 α 射线和 β 射线，前面已提到过，它们的穿透本领差，对人体造成的外部辐射危害只能作用于皮肤，通常用一块厚铝片或有机玻璃遮挡就可达到屏蔽的目的。因此，在核电站中对外辐射防护主要针对

γ射线和中子的辐射防护，防护的主要方法有三种：（1）距离防护。辐射剂量同距离的平方成反比，也就是辐射源与人员之间的距离越大，单位时间内吸收的辐射剂量就越小，因此对γ射线辐射，只要采用机械手进行自动化遥控等远距离操作，就可以大大减少工作人员受到的辐射剂量。（2）时间防护。如果受到的辐射剂量已确定，那么人体所受的辐射剂量同辐射时间成正比。因此，工作人员受到辐射的时间越短，损伤就越小。（3）屏蔽防护。有很多材料对射线有吸收或减弱作用，因此，在辐射源与工作人员之间设置这样的物体，就能有效防止人体受到过量辐射，所用的屏蔽体及其几何尺寸等由辐射源的种类、物理特性、几何形状等因素决定。在核电站的工作人员通常用铅玻璃和铸铁体等屏蔽，对γ射线和X射线进行有效防护。对反应堆压力容器的屏蔽主要是对中子和γ射线的侵袭进行防护，其屏蔽物应用最广的是重晶石混凝土和含铁混凝土。对其他各种含放射性的设备，采取分区合理布置，加以适当屏蔽能有效防护外部辐射。

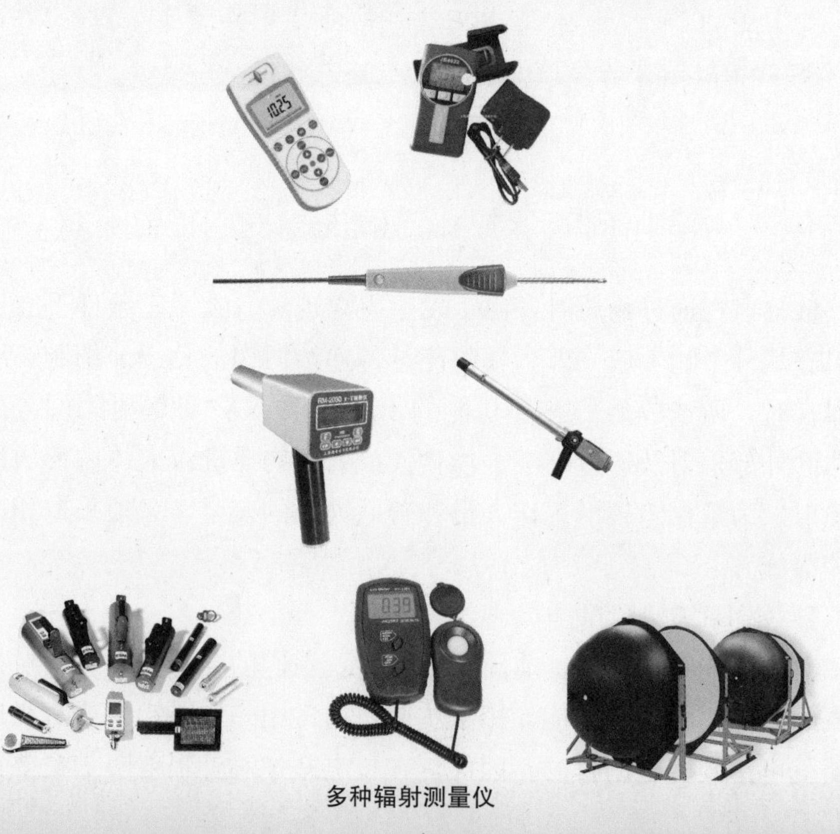

多种辐射测量仪

2. 对内部辐射的防护。

在核电站，设置了多道屏障，千方百计地防止放射性物质泄漏。有关多道防泄漏的屏障，在这里简要介绍一下。

第一道屏障是核燃料的芯块。现代核反应堆广泛采用耐高温、耐辐射和耐腐蚀的二氧化铀陶瓷核燃料。经过烧结磨光的这些陶瓷型的核燃料芯块能保留住98%以上的放射性物质，使其不会逸出。只有穿透力较强的中子和γ射线才可能辐射出来，这就大大减少了放射性物质的泄漏。

第二道屏障是锆合金包壳管。二氧化铀陶瓷芯块被装入包壳管，叠成柱体，组成燃料棒，由锆合金或不锈钢制成的包壳管绝对密封，在长期运行的条件下能保证放射性物质不泄漏。但是一旦有破损，要及时发现，并采取措施。

第三道屏障是压力容器和封闭的回路系统，这个屏障足可以挡住放射性物质外泄，即使堆芯中有1%的核燃料发生损坏，放射性物质也不会从它里面泄漏。

第四道屏障是安全壳厂房，采取双层壳体结构，其强度可以抵御一架飞机的撞击。万一反应堆发生严重事故，有安全壳这道屏障，对核电站外的人员和环境的影响是极微小的。关于安全壳，我们还将详细地说一说。

核电站保护屏障

安全壳建造的首要目标是要坚固，那么什么样的结构式样最坚固呢？应该是球形建筑或球顶状建筑。球形的东西，如果内部产生压力，它所受的力是很均匀的，从几何学知识可以知道，球体和其他几何形状比起来，在最小的表面积之下，有最大的容积。这就是说，建成球形的壳体，里面可以容纳更多的设备，而所用的建筑材料最少，也最坚固。核电站厂房就是按照这个原理设计的，整个反应堆设备都安装在这样一个密闭的安全壳内。美国新墨西哥州圣地亚国家试验场曾用一架F-4战斗机以每小时450英里（1英里＝1.609千米）的速度撞向安全壳，结果飞机被撞得粉碎，安全壳却安然无恙，仅留下一个2.4英寸（1英寸＝0.0254米）深的凹坑。安全壳在20世纪50年代是做成球形的，直径达到20～30米，是用50毫米厚的钢板压成所需形状后一块块拼焊起来的，其最大的难度在于要用数千块这样厚的钢板焊接成一个球体，焊缝有几万米，要完全做到丝毫不漏。因此在20世纪60年代改为用钢筋混凝土来建造安全壳，里面敷设钢衬，式样也从球形变为圆柱形上接一个半圆形的盖，这样便于浇灌，其钢筋混凝土厚达1米，用来承受压力，里面的钢衬主要起密封作用，钢板不需太厚，焊接的难关被克服了。有时为了获得更可靠的气密性，在钢衬和钢筋混凝土之间留一层1米厚的空气隙，如果钢衬发生泄漏，放射性气体会泄漏到空气隙中，而后被专门的处理设备吸入再加以处理。

目前大部分新建的安全壳都采用预应力混凝土安全壳，它的原理就像用铁箍箍木桶。在混凝土里放进许多纵横交错的钢丝绳，用强力机构将钢丝绳拉紧，这样的安全壳更加可靠，而且在钢丝绳上可以安装测力仪器，随时检查拉紧情况。用这么多钢丝绳捆紧的混凝土壳不可能一下子崩开，即使损坏，也只是先裂开一条缝，而钢丝绳的弹力又会把这条缝合起来。

上面介绍了核电站安全保护的四大屏障，应该说是万无一失的。但出于对安全性的高度负责，还是要考虑下述情况：万一发生了严重事故，引发放射性物质泄漏，以致裂变成的氪（Kr）、氙（Xe）、碘（I）等，可能侵入人员工作场所或周围地区，一旦通过呼吸道、消化

道、皮肤和黏膜的伤口进入人体，就会对细胞和组织器官造成损害。为了防止这种潜在危险的发生，必须制定各种必要的规章制度，严格培训放射性工作人员，做到人人熟练操作，在放射性工作场所严禁吸烟、饮水、吃食物，在操作放射性物质时必须穿戴好个人防护用品（包括工作服、面罩、手套、帽子等，特殊情况还要穿气衣）。要加强放射性物质的管理，特别要对放射性废料加以专门收集。要严格监测放射性物质污染情况，如发现污染应尽早采取去污措施，防止扩大污染范围。还应做到核电站（包括实验室）内部布局合理、严格分区，防止交叉污染。对工作场所的工作台、设备以及地面和墙壁等表面应严格控制被放射性物质污染。

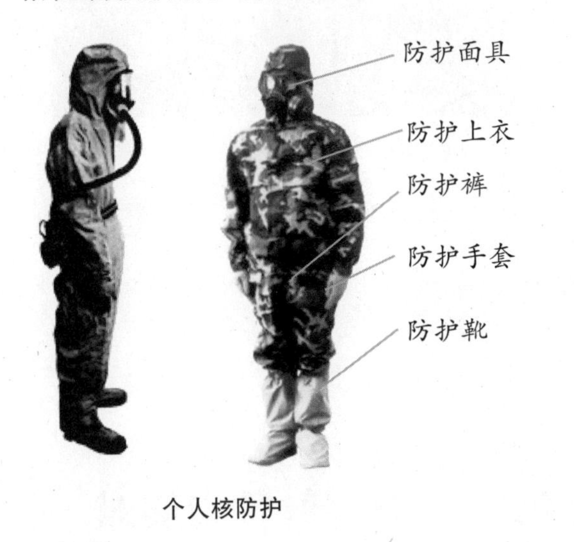

个人核防护

气衣

你知道吗

放射性污染区

放射性污染区是放射性物质的量超过它的天然存在量，导致危害的区域。具有放射性的有铀-234、铀-235、铀-238、锶-90和氘等，人类或其他生物受到过量放射性物质辐照时会引起各种放射性疾病。

无损检测系统

第四节　核电站排出的放射性物质对环境的影响

核电站设置了众多的安全防护装置，目的是防止放射性物质外泄对环境造成负面影响。我们已经介绍过的对核电站采取四道屏障防护就是其中之一，另外还设有完备的放射性物质“三废”处理装置（在第七章中会作介绍）等，尽管如此，仍会有极少量的放射性物质难以回收，当然这是指核电站在正常运行状态下的情况，在发生事故状态下则另当别论。

下面，我们先了解一下核电站在正常运行状态下，放射性物质的排放情况：如一座有几台核电机组的核电站，其放射性废水排放对周围居民产生的剂量不大于 5×10^{-5}毫希/年，又如在广东大亚湾核电站 80 千米半径范围内测得的剂量要比天然辐射源和人造辐射源的剂量低 2～3 个数量级。即使从世界各种堆型的核电站运行情况来看，核电站在正常运行时对环境产生的辐射剂量也是极其微小的，可以说是微不足道的，至今尚未出现过在短时间内会伤害人体的急性事故发生。

现在，我们再看一看核电站发生事故时对环境的影响。让我们先了解一下发生核事故后释放出来的放射性物质是怎样在环境中扩散的：根据研究发现，这些被释放出来的放射性物质的扩散是有规律的，可以估计出它们的扩散轨迹和扩散距离，也可以估计出具体的扩散地点和对大众健康影响的程度。放射性物质可以通过大气和水体在环境中扩散，可以直接对人们造成外部辐射，或者被人吸入或食入后造成内部辐射，也可以再经过生物传媒和其他事物转移，对人体造成内部辐射，从而影响人体健康。放射性物质在大气和水体中的扩散取决于大气和水体的运动。如放射性物质在大气中的扩散主要取决于如下因素：首先看释放了什么放射性物质，释放了多少，释放的方式是

放射性污染监测

怎样的（是一次集中释放还是连续释放等），其次是气象条件，如风向、风速、降水情况等，最后是地形、地貌和地物。放射性物质在扩散过程中，由于它们本身的放射性衰变和沉降以及被载体的稀释，放射性物质的浓度会逐渐减小。根据上述考虑，人们完全可以计算出放射性物质的扩散轨迹，扩散到各个地点的数量等，这样的计算，现在已编写成计算机程序，计算结果能迅速获得。

下面，我们再说说核电站发生事故时释放的放射性物质对环境的影响。核电站事故按照它发生的次数和规模，通常分为一般事故、重大事故、超设计基准事故（严重事故）以及最大假想事故。

人员、包裹、车辆放射性监测系统

什么是核电站的最大假想事故呢？那就是反应堆冷却剂回路管道（主管道）破裂，导致堆芯燃料元件熔化，元件包壳内包容的大量放射性物质被释放出来。事实是，到1998年年底，全世界的反应堆尚未发生过主管道破裂事故，至今也未见有主管道发生破裂的报道。从实践经验分析，这种最大假想事故的发生概率为十万分之一到百万分之一。为什么发生这种事故的概率如此小呢？显然是我们对核电站的安全性把关严中又严的结果，这可以从我们前面对核电站安全性的研制看出。核安全法中规定，核电站应有隔离区或称禁区，其范围为安全壳周围500米半径的圆周，还规定有限制区，限制区内可居住和自由活动，但必须控制人口的增长和工业设施的增加。我国在《核电厂环境防护规定》中明确了限制区的半径不得小于5千米。

上面说了这么多，似乎还是在讲核电站很安全，但事实是核电站在运行中确实发生过事故，而且有的是严重事故，比如美国三里岛事故、苏联切尔诺贝利事故以及2011年3月发生在日本福岛的第一核电站事故……

美国三里岛事故我们已作过介绍，它是核电站运行史上第一次震惊世界的严重事故，但由于有安全壳的保护，被释放出去的放射性物质还是相当少的，人员受到的最大辐射剂量和人员平均受到的辐射剂量均低于规定值，更远低于人造辐射和天然辐射值，说明对环境和居民的影响都很小。

苏联切尔诺贝利核电站发生了人类历史上最大的一次核事故，从厂区周围撤出的人员受到的辐射剂量远远超过规定值，近1万人平均受到大于50毫希剂量的辐射，近5000人受到大于100毫希剂量的辐射，均相当于正常规定值的10～20倍之多。总共有237名职业人员被确诊得了“辐射病”，其中有31人死亡，但周围居民无一人因此事故而死亡。该事故的主要原因是该核电站的安全设计有严重错误，竟没有设置安全壳，再加上操作人员一再违章工作继而酿成惊天大祸。看来只要严格遵守操作规程，建造安全壳，抛弃石墨堆，核电站的安全还是有充分保证的。

日本福岛第一核电站——世界上第一大核电站的第一站在9.0级大地震和引发的海啸的双重夹击下发生了严重的核泄漏事故，天灾和人祸造成了自第二次世界大战以来最严重的核危机。如此严重的核泄漏当然是件坏事，但话还得说回来，让我们看一看福岛第一核电站核泄漏事故发生后的日本东京。东京出现了高幅度的辐射增长，但是这种增长，仅仅表现在辐射的量级从“纳希沃特”升级为“微希沃特”，这仅仅是在极低的辐射基础上的一次波动，这种增加不会对人体造成实质性的影响。专家们认为，从1945年到1980年世界上每次发生原子弹爆炸，出现了大量的放射性物质，然而并没有对人们的身体健康造成威胁，再从放射性物质具有衰减作用来看，福岛与东京相距220千米，当辐射到达东京后，其辐射能量已经衰减到原来的1/1500……更不要说，处在更远地方的人们，其受到的辐射影响会更加微小。

由此，科学家们认为，纵然已发生过三次严重的核泄漏事故，也不会动摇人类开发核能的决心和信心。为了说明核电的安全性，科学家们经过调查研究，分析列出了一张对比表——“核电站周围1500万居民中各类事故引起的年死亡人数估计表”，其中机动车事故可造成1200人/年死亡，火灾事故可造成560人/年死亡，而核电站（100座）事故仅造成0.3人/年死亡。注意，这里是指100座核电站！

第五节　核电站厂址选择

核电站厂址的选择关系到放射性物质释放对环境的影响和“三废”处理（第七章中会作介绍），因此选择一个理想的核电站厂址显

得非常重要。不能光看到选址的某个条件，而是需要全面、反复地看问题。说核电站选址是一项相当复杂的系统工程一点也不为过。它既要考虑厂址及其周围环境的自然条件，如地震、地质、气象、水文、风暴、潮汐和生态系统等重要因素，也要考虑居民分布、经济状况、工农业分布和交通运输等条件。

核电站选址要求

核电站厂址对地质、地震、水文、气象等自然条件，工农业生产及居民生活等社会环境都有严格的要求，只有满足要求的厂址，才有可能得到国家核安全监管部门的批准。

核电站选址要求

地震（历史上的和现在的）是核电站选址时应最优先考虑的因素。人类对地震还难以预测且更难控制，因此厂址一定要选在历史上地震活动相对稳定，离地震活动带较远的地点。为此，选址要进行大量的调查、试验和反复论证。

抗震的竖井

在地质上，应选择地质稳定的地区，最好能将主要厂房的地基扎在稳定的基岩上。若必须选在软基础上，则必须是沉降均匀且在较短时期内仍很稳定且不再有沉降可能的地方，还要考虑便于施工，尽量减少土石方的工程量。

正在施工中的核电站

水文也极其重要，因为核电站需要大量的生产用水，尤其需要大量的冷却水，还有放射性废水需得到迅速稀释和扩散，这些事关生产和对生态环境的影响，不可疏忽。所以应将核电站选择建在海边或大江、大河、大湖附近。

我国正在筹建的核电站——湖南桃花江核电站

气象条件则与核电从业人员、周围群众的生活紧密相关，这是因为核电站有大量废气，尽管它的放射性浓度很低，但仍要从“烟囱”中排出，以保持厂区及其周围空气的清洁。因此核电站应选在居民点主导下风地区，使其风速和风向有利于废气的扩散而不会影响到居民的生活。

核电站厂址还应选在人口密度较低的地区，而且与城镇有足够的距离。我国规定核电站与10万人口城镇距离不小于10千米，距百万人口的城市不小于40千米。

由此可见，核电站厂址的选择是相当严格的，能全面满足这些要求的地点，确实不易找到。为此，核电站厂址的选定要经过长时间的调查研究、反复分析对比才能确定一个比较理想的地点。

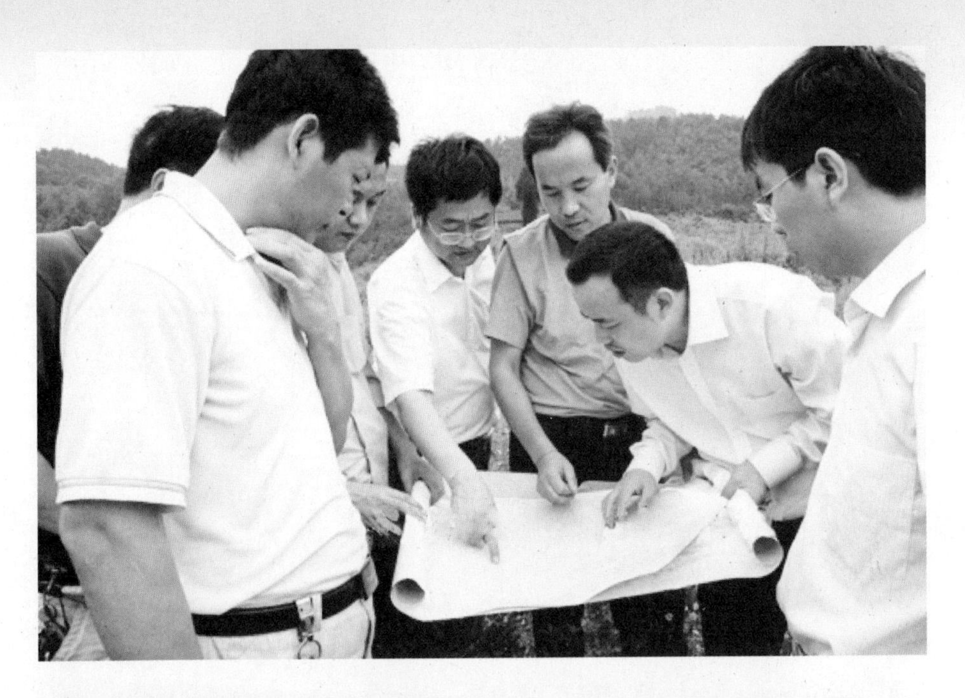

工作人员在认真为核电站选址

第六章
核燃料

核燃料是核反应堆内最重要的一种材料。为满足核反应堆工程的需要，科学家研究开发了各种各样的核燃料。本章主要介绍金属铀及其氧化物核燃料和核聚变反应中的核燃料氦-3及重氢（氘、氚）。

第一节 铀资源

目前世界上所有核电站都是按裂变反应的原理工作的，所用的主要核燃料是一种重金属——铀，铀在门捷列夫元素周期表上排在第92位。这种银白色的重金属，拿在手中沉甸甸的，比铅还要重65%，虽然在日常生活中我们很少会遇到它，但实际上它以各种化合物的形式，广泛分布在自然界中。在地壳的岩石圈内，每吨土壤中平均含1克铀，

铀矿石在岩石中

在海水中铀占十亿分之二，把分散的铀收集起来并不是一件容易的事，只有当矿石中的铀含量超过千分之一时，人们才乐意去开发它。

科学家根据对铀的分析研究发现，天然开采的金属铀中有 0.7%的金属铀的相对原子质量为 235，其余 99.3%的金属铀的相对原子质量为 238，它们属于同位素（因为都排在元素周期表的第 92 位上）。虽然它们的化学性质毫无区别，但在核性能上却大不一样，如在一般的核反应堆中，只有铀-235 能发生裂变反应，铀-238 则不能，铀-238只能在更先进的反应堆（如快中子增殖反应堆）内转化成钚-239 后才能发生裂变。除钚-239 外，铀-233 也可进行裂变，它是由钍转化而来的。钍是从自然界钍矿物和含钍矿物中提取的，一种名叫“独居石”的矿物是含钍量最大的。

我们再来说一说铀-235，要获得它真是困难重重，必须过“四关”。第一关是铀的勘探，只有找到高铀矿才有开采的价值。也就是说并不是所有铀矿床都值得去开采。据统计，现已发现的 170 多种铀矿床及含铀矿物中，具有实际开采价值的只有14%～18%。第二关是

铀矿处理项目容器

铀矿的开采，也就是从埋在地下的矿床中开采出可供工业用的铀矿石，或生产出液体铀化合物。由于铀矿有放射性，因此铀矿的开采需用特殊的方法。常用的开采方法有露天开采、地下开采和原地浸出开采三种。露天开采，一般用于埋藏较浅的矿床，开采方法比较简单，只需掀开土层和岩石使铀矿露出，即可实施开采。地下开采，一般用于埋藏较深的矿床，但工艺过程比较复杂。原地浸出开采，这是一个陌生的名词，我们先解释一下“原地浸出”的含义，它是指在铀矿床的地表钻孔，然后将化学反应剂注入孔中，通过化学反应选择性地溶解矿床中的有用成分铀，并将“浸出”液提取至地表。这种方法的优点是生产成本较低，劳动强度小，缺点是这种方法有局限性，仅适用于具有一定地质、水文条件的矿床。第三关是铀的加工，目的是将铀矿品浓缩成为铀化学浓缩物，再经精炼加工成易于氢氟化的铀氧化物。铀矿床的加工主要包括磨矿、矿石浸出、母液分离、溶液纯化、沉淀等工序。磨矿的目的是使铀矿物充分得以暴露，并借助浸出剂将矿石中有价值的组分选择性地溶解出来。由于浸出液中铀含量低，而且杂质多，因此必须将杂质去除才能使铀变纯，去除杂质后的铀纯度可达到 99.9%。第四关是铀的浓缩，天然铀金属是由铀-235 和铀-238 组成的，但铀-235 只占 0.7%，为了提高铀-235 的浓度，要把铀同位素作分离处理或将其浓缩，那么怎样才能将铀-235 和铀-238 分开呢？目前采用的方法有气体扩散法、激光法、喷嘴法、电磁分离法、化学分离法等，其中气体扩散法等是普遍采用的浓缩方法，但激光法的优点更多些，或可能取代气体扩散法和离心法。

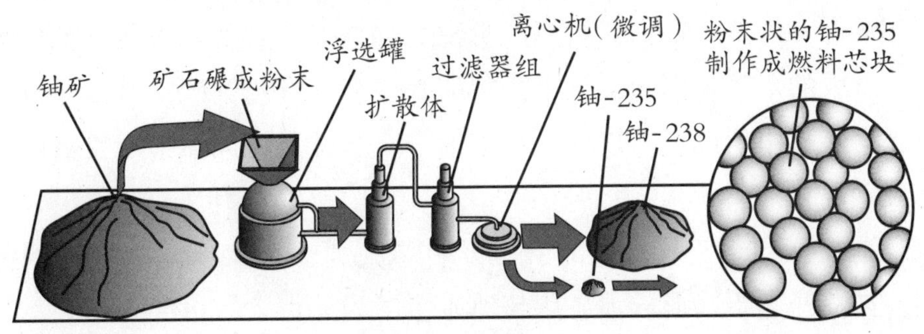

从铀矿石到燃料芯块

经过浓缩的铀还不能马上作为核燃料，必须经过化学、物理、机械加工等处理后，制成各种不同形状的元件，才能供反应堆作为燃料使用。铀被制成弹丸状，每颗弹丸重 7 克（它放出的能量相当于燃烧 1 吨煤放出的能量），这些弹丸就是反应堆能够运转的燃料。核燃料元件种类繁多，可以按特征来分（如金属型、陶瓷型等），可以按几何形状分（如球状、棒状等），也可以按反应堆来分。它们均由芯体和包壳组成，考虑到它们长期在强辐射、高温、高流速和高压的环境下工作，对芯体和包壳都应有特殊的要求。

铀

再说一说贫化铀，我们或许听说过贫铀弹，它就是由贫化铀作为材料制成的，其杀伤力也很了得！那么什么是贫化铀呢？是指经分离或在反应堆中“烧过”以后，其中铀-235 含铀量比天然铀还要低的铀同位素混合物。

铀资源已成为开发核能的主要材料！那么铀矿床是怎样形成的呢？据资料介绍，形成铀矿床与地质作用相关，大致可分为两类。一类与地球内部的岩浆作用有关，一些含硅量高的岩浆（如花岗岩等）

在冷却结晶过程中，会逐渐形成有较多汽水挥发物的残余岩浆溶液，溶液中时常含有较多的铀等金属物质。当这种溶液在适宜的环境下沉积凝固下来后，就会形成铀等金属矿床，世界上早期发现的铀矿床大多属于这种类型，其特点是大多品位较高，但规模相对较小，如1915年在刚果发现的铀矿床，其平均品位达3%。另一类是在近地表环境下形成的，那些分布在普通岩石中的铀，在氧气较多的近地面环境中受到氧化成为铀的氧化物，然后又被水从岩石中溶滤出来，或向下渗透或被水流冲到一个适宜的环境里，再重新凝结沉淀下来形成矿床，世界上许多大型铀矿床大多是这样形成的，但它们的品位较低，一般在0.1%~0.5%。据报道，目前全球已探明的铀资源总量达630.63万吨（截至2009年1月1日）。以2008年

铀矿石

的消耗速度计算，全球已探明的铀资源总量足够供全球核电工业使用100年以上。但这并不是一个足以令人欣慰的数字。就铀矿来说，我们希望探明得越多越好。有报道称澳大利亚的西部矿业资源公司宣布，在澳大利亚南部地区发现了全球最大的铀矿床，其铀矿资源可能达到世界上已探明铀矿资源的三分之一；而我国的铀矿勘探也有好消息：在新疆吐鲁番盆地探明了两条储量可能达万吨以上的大型铀矿带。

第二节　月球上的核能——氦-3

氦-3是无色、无味、无臭、稳定的氦气同位素气体，1996年戴维·李·道格拉斯·奥谢罗夫和罗伯特·理查森因发现了氦-3中的超流动性，共同分享了1996年的诺贝尔物理学奖。在这里，我们不去探讨氦-3的超流动性，而是研究氦-3具有作为核聚变燃料的非凡性能。

一　核聚变反应的燃料——氦-3

氦是地球大气中的一种稀有气体，在干燥空气中约占空气体积的0.0005%，其原子由2个质子、2个中子和2个电子组成。作为氦的同位素氦-3的原子由2个质子、3个中子和2个电子组成，氦-3在地球上的含量更是少得可怜，用“凤毛麟角”来形容毫不为过。据测算，目前的氦-3大部分是由核弹头中的氚衰变生成的，即使加上深海气井和火山气中氚衰变的氦-3，全世界一年也仅能获得10～20千克，

这区区小数目即使用作科学研究实验，也是捉襟见肘的，更说不上用于工业生产了。

科学家们发现用氢作燃料进行核聚变反应比用铀进行核裂变反应要安全得多，而采用氦-3为原料的核聚变比氢更安全也更清洁，效率更高，还容易控制，产生的放射性物质微乎其微。因此，即使将氦-3核电站建在闹市区也是安全的。建设一座500兆瓦级以氦-3为燃料的核聚变发电站，每年仅需消耗50千克氦-3。以1987年美国的发电总量计也只需消耗25吨氦-3，按中国1992年的发电量计算用8吨氦-3就足够了，与煤、铀等消耗量相比真是天壤之别!

如此理想的能源至今在地球上仍不见应用，根源还在于其实在太稀少，若用作工业发电，其全部储量全世界使用1～2年就会消耗殆尽。

二　月球上的氦-3

“山重水复疑无路，柳暗花明又一村”，眼看着最优质的核燃料氦-3在地球上无法被大量应用，正一筹莫展时科学家们从登月航天员带回的月尘中发现，当把月尘加热到1662摄氏度时，有氦等元素的放射性显现，经过进一步分析鉴定，得出了令人振奋的结论：月球上存在大量的氦-3！虽然还没有设计开采方案，但美国科学家们已在规划开采蓝图。1998年12月31日，在“月球勘探者”号探测器的帮助下，美国科学家已绘制氦-3等矿藏的分布图。美国地质调查局地质学家小组在《地质研究通讯》上发表了他们绘制的月球氦-3分布图，并认为月球上最容易找到氦-3的地方是静海以及位于月球另一面的风暴洋、齐奥尔科夫斯基陨石坑和东海。这表明，人类在月球上进行工业性开采氦-3已有了基础。

登月航天员脚下的是月壤

据科学家分析，月球上之所以存在大量氦-3，原因在于月球形成至今已有40亿年，从月球诞生的那一刻开始，它便作为太阳风粒子的收集器在收藏氦-3。所谓太阳风是从太阳向外喷射出的高速带电粒子流，其中氦含量为每秒每平方米60亿个原子。再从月球的年龄和它的表面积不难估算出有2亿～5亿吨氦-3粒子打在5～10米深的月球表层土壤内，月球自身没有磁场，才使氦-3粒子能在月壤内“安营扎寨”。相比之下，地球上的氦-3粒子就没有这种“福气”了。在地球磁场的作用下，氦-3会沿着地球磁力线慢慢扩散，最终被大气层“俘获”而消失。科学家们估计月球表层土壤中已堆积起约2.6×10^{8}吨存在氦-3的月壤，其中约有100万吨氦-3很疏松地嵌附在月壤中，只要月壤被加热到指定的温度，嵌附在月壤中90%以上的氦-3均会被释放出来。

月球上的月壤中含有大量的氦-3

月球处在真空环境中，因此，制造真空条件的设备可以一概免去，月球上的引力只有地球的六分之一，挖掘开采月球土会很容易，月球的环境温度也是“冶炼”氦-3 的最佳场地：白天月球上温度高达 130 摄氏度可将月壤加热，夜间的温度又降到零下 183 摄氏度，正好实施氦-3 和氦-4 低温同位素分离。此外，从月球土壤中提取 1 吨氦-3 还可得到 6300 吨氢、70 吨氮和 1600 吨碳，这些副产品正好可以维持月球基地的正常需要，真是一举两得的好事。与地球环境相比，既方便又可大大节约能源和财力。

根据月球上氦-3 的含量，可以计算出它曾经能提供的电能超过美国全国需要量的 50 万倍。开采、加工和运回氦-3 所消耗的能量与用氦-3 发电得到的能量之比为 1∶250，相比之下，消耗煤和铀这两种燃料得到的能量之比仅为 1∶16 和 1∶20。因此，从月球上运回氦-3 在地球上进行发电效益是很高的，值得实施。虽然路程遥远，但只要它具有良好的经济效益就值得（当然，若将氦-3 就地在月球上发电，再输送回地球，则可省去运输费用）。何况飞船一次就可运回 20 吨液态氦-3，几乎可以供应美国一年所需的电力燃料。

那么，月球上的氦-3可供人类使用多久呢？联合国估计到2050年世界能源消耗将达到3万千兆瓦，以此计算，人类只需每年在月球上开采1500吨氦-3，就可满足全世界的能源需求了。若按照现在月球上已估计的氦-3储量，足可供人类使用700年，这是一个多么诱人的数字啊！

我国探月工程的一项重要计划就是对月球氦-3的含量和分布进行一次由空间到实地的详细勘测。“嫦娥一号”卫星携带有立体相机、成像光谱仪、激光高度计等仪器对月球进行探测。它在环月飞行执行任务期间，可以获取三维影像，分析月球表面有用元素的含量和物质类型的分布特点，探测月球土壤厚度，检测地月空间环境。其中前三项是国外也没有进行过的探测项目，第四项是我国首次获取8万千米以外的空间环境参数。此外，美国曾对月球上5种资源进行探测，我国将探测14种，其中重要的目标是月球上的氦-3资源。我国的探月项目中，有一个项目外国也从未涉足，那就是我国计划测量月球土壤层到底有多厚，这对于我们更进一步计算月球氦-3的含量有重大意义。

第七章
核废料处理

核电站会产生具有放射性的核废料。核废料是指在核燃料生产、加工和在核反应堆中用过的，不再需要的并具有放射性的废料。核废料对人体和周围环境都十分有害，必须严格管理和谨慎处理。本章就是围绕对核废料的严格管理和谨慎处理而展开的。

第一节　核废料

一　核电发展的难题——核废料处理

人类进行核试验已超过半个多世纪，但对于核废料的处理仍令科学家们头痛，因为核废料几乎无法分解和降解，在自然界中要经过漫长的岁月，有些甚至要经过几十万年甚至上百万年才能慢慢被吸收。美国曾耗资 10 亿美元修建了一座核废料处理、掩埋工厂，但刚刚把第一炉核废料埋进地下，一场突如其来的地震就发生了，该工厂化为废墟，刚刚掩埋的核废料出现了泄漏，这让科学家们忧心忡忡，因为一旦掩埋了大量核废料的地方突然发生地震，核废料泄漏出来，就会引起一场巨大的灾难，下面这个故事就是证明。

在新西兰东北方向的克马德克——汤加海沟附近的海域发生了一次并不十分强烈的地震，除在海中捕鱼的一艘渔船沉没外，地震看起来并没有造成其他危害，然而，十几天后，一桩奇怪的事情发生了，在南赤道海流区作业的船只突然被一片黑色的海水包围，到处漂浮着难以计数因不明原因死亡的鱼群。这是怎么回事？经调查后发现，这些死鱼都受到了放射性污染。那么造成这次放射性污染的源头又在哪

里？经过探测，终于发现在海底躺着一些奇怪的金属罐，捞上来一看，原来是一些储存核废料的容器。这时大家才恍然大悟，原来，为了不让长期具有放射性的核废料危害人们的健康，有些人自作聪明，以为把它们扔进深达数千米的海底（那里水流缓慢，很少有生物出没），核废料的危害就可降到最低程度。我们且不讨论这些核废料的储存容器能否抵挡得住长期浸泡在海水中会受到的侵蚀，是否会破碎导致核废料的泄漏，摆在人们眼前的事实是，这次地震使储存罐中的放射性废料泄漏了出来，随着受污染海水的扩散，使该海域的海洋生物（包括鱼类）遭到了灭顶之灾！

核废料按状态可分为固体、液体和气体三种。按放射性强弱可分为高水平（高放射）、中水平（中放射）和低水平（低放射）三种。

核废料具有这样一些特征：具有放射性，但这种放射性不能用一般的物理、化学等方法消除，只能靠其自身的衰变逐步减弱；具有射线危害，核废料放出的射线，会对生物体引起辐射损伤；能够释放出热能，如果放射性含量比较高，会导致核废料的温度上升，甚至会达到沸腾（指液态核废料），固态核废料则会自行熔解。因此，核废料是一种危险性很高的“材料”。千万不能小瞧了它！

放射性废料处置

核废料必须谨慎处理，做到万无一失，这里先大体上介绍美国和俄罗斯在对待核废料处理的办法，后面还将分别比较详细地进行介绍。

先看看美国，科学家选中了内华达州的斯兰山脉，按照设计，这里可以保存 9 万吨核废料，也就是说，美国未来 50 年产生的核废料都可以存放在这里。现在已有 11000 多个装满核废料的罐被掩埋在这

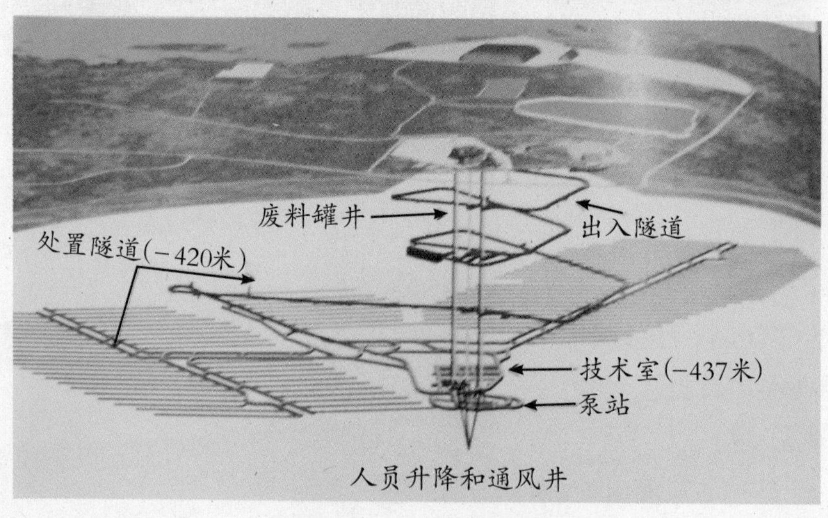

核废料深埋于深山隧道中

里。美国科学家称，斯兰山脉跟保险柜一样牢固，能够让核废料安全保存 10 万年。

但俄罗斯科学家却有异议，俄罗斯生态学家指出，由于地质和气候因素一直在变化，斯兰山脉不可能在 10 万年这么长的时间里都一直“安分守己”。俄罗斯科学家认为北极是一个掩埋核废料的好地方，特别寒冷的地区地质构造不容易发生变化。美国科学家则反驳这种说法，指出在全球气候变暖的大趋势下，北极或许会从地质结构最稳定的地区，变成地质结构变化最剧烈的地区，到时，若大量核废料都埋在北极，一旦地质结构有变化，甚至发生激烈变动，不仅污染了北极海水，大半个地球都将难幸免！科学家们的观点不同引起争论是常有的事，好在都还在讨论中，孰是孰非问题不大。俄罗斯的科学家们还在策划一个听上去和科幻小说相似的“热滴”工程，按照他们的设想，可以把 100 吨重的核废料装进直径为几米的大型钨球里，钨的化学性质很稳定，熔点极高，可以把钨球的温度加热到 1200 摄氏度，让钨球将岩石熔化，直接陷进到几百米深的地壳中去，就跟石头掉进水里一样。这种设想马上就有科学家进行反驳，因为钨球可能会在地壳里爆炸，这等于在人类脚下埋下了一颗定时炸弹。于是“热滴”工程的科学家对设想作了针对性的修正：可以钻一个直径为 20 厘米的井，在几千米的深处引爆一个小型炸弹，炸出一个直径为 5 米的圆坑，核废料则通过深井投放到坑里，在被加热以后，核废料会泄向地球深处，由于在几百米的深处不会有地下水，因此不用担心核废料会浮出地面，也不用担心核辐射会损伤人类。考虑到要把 100 吨重的核废料挤在直径只有 20 厘米的井里，就要在钨球中加入吸收中子的材料，这样同时能够制止核反应发生，让深埋在地下的核废料不至于在地下爆炸。这样一个近乎天方夜谭的设想，却受到一些科学家的支持，特别是生态学专家的支持。不过，“热滴”工程至今仍停留在计划阶段。

还有些科学家对核废料的处理从地下想到了天上，称作“天葬”核废料。浩瀚太空，无边无际，何处才是核废料最适宜的“坟墓”

呢？经过研究，科学家们找到了一个比较理想的地方：它位于以太阳为中心，以0.85AU（“AU”是天文单位，即地球与太阳之间的平均距离，约等于1.495×10^{8}千米）为半径的日心轨道。这个轨道在地球与金星之间，把核废料送到这样的轨道上，可以在金星和地球之间稳定100万年，完全可以达到地球环境免受核辐射污染的目的。运送核废料的太空运载系统，包括航天飞机以及置于航天飞机货舱内的重返大气层飞船，可重复使用的空间拖船以及仅使用一次的太阳轨道飞船。具体运送核废料的过程是这样的：航天飞机进入地球上空300千米的低地轨道后，由机械手将核废料从重返大气层飞船的防辐射罩内取出，安装在太阳轨道飞船上，由空间拖船送入通往日心轨道的转移轨道。在转移轨道上，空间拖船与太阳轨道飞船分离，飞回低地轨道，与航天飞机交会，并由机械手捕捉进入货舱，带回地面可再次使用，而太阳轨道飞船则自动点火后继续飞行，大约飞行160天后便稳定地处于日心轨道，核废料也就这样被送上太空，永久“葬”在那里。“天葬”方案看来比“热滴”工程设想来得靠谱，实现的可能性

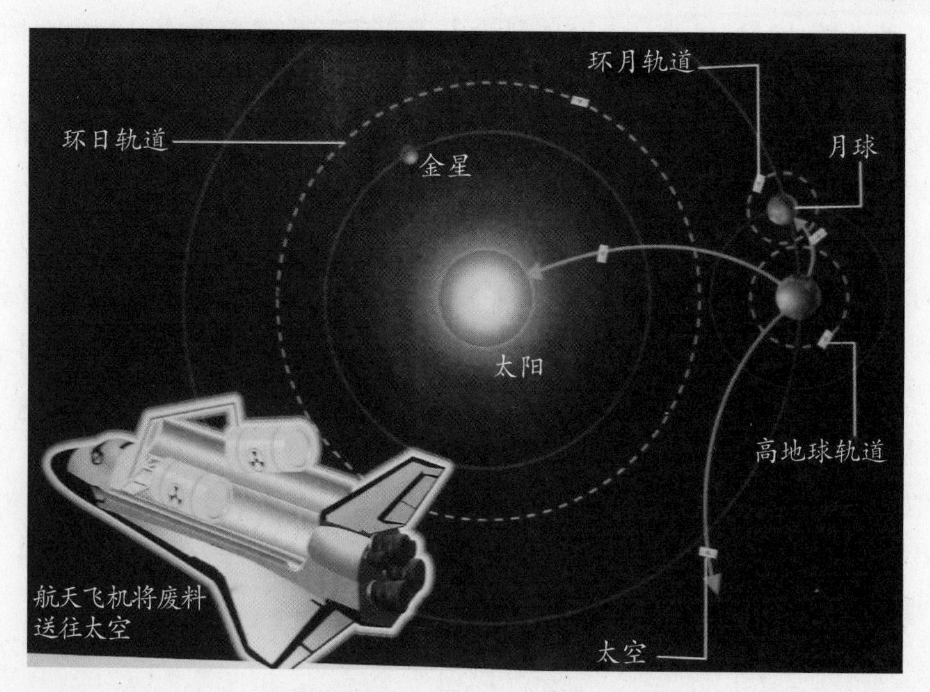

核废料实施“天葬”——“埋入”太空

也大于“热滴”工程设想。至于航天飞机目前已经退役，这不要紧，代替航天飞机的运载器一定会出现，而且一定会比航天飞机更好！

二　核废料的管理原则

核废料的管理是核电站放射性环境污染防治的最重要内容，也是大众关心的热点。要达到的基本目标是通过采取安全而又经济的处理和处置措施，满足辐射防护和环境保护的要求，保证操作人员和公众所受到的影响不超过辐射剂量限值，并应在考虑经济和社会因素的条件下，保持“合理可行尽量低”的水平，使人员和环境不论是现在还是将来都可以得到保护，不要给我们的子孙后代增加负担和责任。

核废料会再次带来放射性污染

按照“合理可行尽量低”的原则，对核废料的处理提出三条基本要求。

一是应该尽量减少核废料的产生量及降低它的浓度。亦即核废料的量要尽可能的少，放射性浓度要尽可能低，这样，核废料的处理量既可减少，处理费用也可相应降低。为达到此目标，要求设备可靠，人员精心操作，同时加强检查，进行有效维护，从根本上减少核废料量及降低其浓度。

二是对已产生的核废料要分类收集，妥善存放，防止扩散和相互混淆，以便处理。对核废料的有效利用也是一项重要工作，就像我们冬天用煤炉取暖一样，煤燃烧后，炉灰渣等需要清理，而在炉灰渣里面总是有尚未燃尽的煤块。因此在用过的核燃料元件从反应堆内卸出时总是含有一定量未分裂和新生成的裂变燃料。这些未分裂和新生成的裂变燃料是可以回收利用的，但是回收时因其放射性强、毒性大，一定要加强安全防护措施。

核废料的回收再利用

三是对核废料进行有效又经济的处理，使排出物的数量及其浓度等能符合国家规定的要求，并以稳定的固体形式储存，这样有利于减少放射性的扩散和迁移。

第二节　“三废”的处理

“三废”是核电站放射性气态、液态和固态废料的简称，这在前

面已经提到过。现在，我们较详细地介绍一下“三废”的处理。

一 放射性废液的处理

核电站的废液主要来自设备排空、设备去污液、地面清洗和洗衣水、实验室排水（放射性实验室等）及燃料池冲洗水等。其废液量不仅与反应堆型有关，还和运行、管理关系密切。通常每台核电机组年产废液几千立方米。以下是常用的废液处理方法。(1) 储存衰变：因为废液中含有短半衰期的放射性同位素，如碘的半衰期在十几小时至几天。一般储存衰变时间取30～100天，若超过100天就不宜采用储存衰变方法。(2) 离子交换：离子交换是生产纯水常用的方法，通过离子交换树脂去除水中的某些杂质得到纯水。而一些强碱性或强酸性的离子交换树脂对一些放射性物质也能起到除“杂质”“净化”的作用，尤其是对于含化学杂质多的废液，其去污能力非常强，经过这样处理后，废液的放射性浓度可降低到原来的1/10～1/100。(3) 蒸发：是处理废液最有效的办法，也是用得最广泛的办法。废液通过蒸发将其中含有的放射性物质及化学杂质浓缩成残液（也称残渣）。这种经过蒸发的残液的体积仅为原始废液的几十分之一或几百分之一，便于经水泥固化成固体废料。(4) 过滤：一般采用不锈钢丝网或特制的滤布做成滤材，它主要除去废液中所夹带的悬浮杂质。这种方法虽然去污能力并不强，但可以作为“离子交换”或“蒸发”的预先处理手段，也是必要的。随着新型过滤器的研制成功，其预先处理作用会显得越来越重要。(5) 稀释排放：经处理后，废液已降低到一定浓度，已变为不必再处理的大量低浓度废水，先将其收集在几只大的排放槽中（体积通常为几百立方米），经取样分析和计算，确认可以排放后，编写好排放报告交给有关部门，经备案同意后就可实施排放操作。放射性废水通常排放到事先确定的地方（海或河湖中）。为了减轻对环境的影响，其排放地区要尽量避开鱼类产卵区、水生物养殖场、盐场、海滨游泳场和娱乐场所等，而且排放口要安放在集中取水区的下游。

核废料再处理厂

二　放射性废气的处理

核电站的废气主要来自厂房排风和工艺废气。工艺废气主要来自反应堆一回路及辅助系统，称一类工艺废气。废气中含有碘等同位素，放射性浓度不低。工艺废气还来自其他设备的排气等，称二类工艺废气，但这类废气的放射性浓度较低。

对于排风的处理：排风中含有微量的放射性气溶胶及碘等，因此采用活性炭过滤器除去排风中的碘及存机杂质等，采用高效过滤器去除气溶胶。活性炭过滤器对碘的去除率可达99%左右，高效过滤器能除去99.97%以上直径大于0.3μm（1μm=10^{-6}m）的气溶胶微粒。

对于一类工艺废气的处理：通常采用储存衰变法，将收集起来的废气用压缩机加压到1MPa以上，送至衰变箱储存60～100天，使其中的同位素衰变掉99.9%以上，最后通过排风中心有控制地用排风稀释。

对于二类工艺废气的处理：此类废气虽然放射性浓度很低，但其

中会夹带一些液滴，所以通常采用除湿后并入排风系统一起处理。

三　放射性固体废料的处理

固体废料主要来自冷却剂净化、放射性废液处理及废气处理中产生的蒸残液、废树脂及废弃的过滤器芯子等。这类固体废料体积虽小，但放射性的水平较高。还有另一类固体废料是放射性污染物，它包括污染的工具、衣物、防护用品等，这类废料体积较大，但放射性水平不高。

对于放射性固体废料的处理：对蒸残液和废树脂通常采用水泥固化的方法处理，即将湿废料与水泥按一定比例放入桶中（常采用 200 升碳钢桶），然后搅拌混合，凝固成水泥固化物。对松软的固体废料（如报废的污染衣服、纸张等）一般采用压缩减容方法，用几十吨到几百吨的压缩机将松软的废料装入碳钢桶中压缩，一般体积可缩小到原来的$\frac{1}{5}\sim\frac{1}{3}$。对不能或难以压缩的硬废料则采用水泥固定法，就是把硬废料放入桶中，加入水泥浆“浇注”达到固定的目的。

对于核电站固体废料的处理（储存）：这种固体废料的放射性属于中低水平，一般要放置相当长的时间才能达到无害水平，通常采用两个步骤。第一步先将处理后的废料暂时储存在核电站内的废料库中，我国规定暂存时间为 5 年。第二步作永久储存，要建立废料处置场。这样的处置场应选在人烟稀少、地质稳定、地下水位较低又远离天然水源的荒凉且无开发价值的地方，将包装好的固态废料分门别类地放在相应建筑物的地坑内，可以存放几百年。世界上已建成多座处置场并已运行了几十年。我国大亚湾核电站已建成我国大陆地区的第一个核废料处置场。

芬兰正在建造的地下核废料处置场（预计 2020 年投入使用）

第三节　核电站的退役

1982 年，美国宾夕法尼亚州西部的波特核电站停止运行，无声无息地“退休”了。正规的说法是波特核电站退役了。根据统计，目前全世界约有 120 座核电站关闭、退役。其中，最先进行核电站退役的是美国，已有 10 座核电站完成了解体，日本也步美国之后，不少核电站正面临退役，如东海核电站、滨冈核电站、“普贤”核电站等，发生严重核泄漏事故的福岛第一核电站更难逃退役命运。我国虽已于 2007 年批准了国家 2005～2020 年的核电发展专题规划，但对于核电站的退役还没有一个比较详细的方案。美国的一位科学家曾说过，一座核电站的寿命约为 30 年。核电站老化了怎么办？对人类来说，这

日本福岛第一核电站铁定退役

是个棘手的问题。建造一座核电站需花费几十亿美元，而一座核电站退役除花钱也不少外（也得1亿～20亿美元），还有要处理核辐射等问题。据估计，拆除一座100千瓦的核电站将产生1800立方米被放射性物质污染的混凝土和钢材，如果这些废料以4米的厚度堆起来，足以覆盖一个橄榄球场。虽然这些废料的放射性不像核废料那么强，但仍具有一定的放射性，且这些废料数量庞大，不可等闲视之。

你知道吗

退　役

核设施使用期满或因其他原因停止服役后，为了充分考虑工作人员和公众的健康与安全及环境保护而采取的行动。退役的最终目的是实现场址不受限制的开放和使用。

当然，核电站的退役已实施过，保证安全没有太大的难度，技术上也是成熟的，只是在核电站退役时要恰到好处地去实行！

退役核电站的冷却塔被爆破

核电站的退役要进行解体、去污、放射性测定、解体物的再利用几个环节。

解体中包括钢结构件的切割，混凝土结构件的破碎，这些都是很好理解的，因为核电站的主要结构用材除了钢结构件就是混凝土结构件。对钢结构件的切割一般采用电弧割槽、气体切割和激光法。据介绍，日本三菱重工开发的激光切割技术具有切割缝非常小的特点，可达到高精确度切割；它产生的热量也很少，这是其他切割方法难以做到的；并且能用纤维传输，远程操作性好。远程操作是十分重要的操

作方法，特别是对于反应堆容器和堆内结构物，它们的核辐射强度很高，必须采用远程操作，以免危及工作人员的健康。

去污的主要对象是金属与混凝土。金属去污是去除进入金属表面厚层中的钴-60 等放射性物质，把解体物的放射性降低到清洁水平。去污的方法有化学方法、机械方法和电化学方法。化学方法是采用药剂溶解污染物的表面氧化薄膜。机械方法是用机械方法擦拭污染物，但擦拭用的磨料会成为废料，且只适用于单一形状物件。电化学方法是把污染物浸入电解液中进行电解。对金属的去污还必须做到解体前后均要实施。但有报道称，美国在核电站场址仅实行“鼓风去污”法，必须用其他方法进一步去污的，就委托专门公司去处理。对混凝土去污方法有涂膜和机械破碎，待破碎后用水喷射或鼓风吹。美国还采用了防止混凝土粉尘飞散的回收装置。

放射性测定：要对解体物和建筑物残留的放射性进行测定，其使用的测量技术与核电站正常运行时的一样。

解体物的再利用：核电站退役后产生的固体废料分为低放射性废料与没有必要作为放射性物质处理的废料。低放射性废料根据放射性浓度又可分为放射性浓度较高的废料、放射性浓度比较低的废料和放射性浓度极低的废料。对没有必要作为放射性物质处理的废料也可分为清洁物质和没有放射性的废料。解体物的数量很大，因此将它们有效利用起来是非常必要的。

对不作为放射性废料的金属应与一般回收的金属同样对待去再利用，对放射性金属，欧美的方法是进行去污、熔融，可再利用于屏蔽材料等方面。

核电站的退役可采取这样三种形式：一是核电站停止运行后立即拆除，并清除反应堆的放射性物质；二是将反应堆封存几十年，让其放射性自然衰减后再拆除；三是在反应堆外建造一个混凝土外壳，将反应堆罩起来，就像苏联在切尔诺贝利核电站事故后，给反应堆修建一个“石棺”，但此法效果并不理想，因为“石棺”在反应堆的放射性衰减之前，可能已经失去了作用。

第八章
核聚变发电

我们在第一章中已经对核聚变作了介绍，在本章中我们会将核聚变与太阳几十亿年来的发光发热联系起来，从而启示：我们为何不在地球上建造一个人造太阳？要建造人造太阳就使人想起“托卡马克”等聚变装置。我国在这方面的研究不甘落后，可以说是紧追世界水平。下面让我们向读者朋友慢慢道来。

第一节　太阳中发生的是核聚变

先读一则小资料：1978 年 12 月，美国有名的《自然》杂志上刊出了这样一段话：“地球上流行性感冒的大流行年，大都是太阳黑子

太阳耀斑

活动的高峰年，不管你相信还是不相信。”事实也是如此：自有完整的太阳黑子活动现象记录的1700年开始的300多年中，人类一共遭受了12次遍及全世界的流行性感冒蔓延，而在这12次大流行中，除1889年外，其余11次无不发生在太阳黑子活动的高峰年。

太阳黑子与地球人类的流行性感冒到底有什么样的关系？答案是：每当太阳出现黑子时，它的周围就一定会出现耀斑，耀斑是比太阳表面更亮的斑点，随着它的出现，太阳就会发出强大的紫外线、X射线和其他的粒子流。这些电磁射线8分钟就到达地球，其中对我们影响最大的是紫外线辐射强度的快速增加，而紫外线辐射强度的增加会引起感冒病毒细胞中遗传因子的变异，通过动物、人类媒介体快速蔓延，就这样酿成了来势凶猛的流行性感冒。

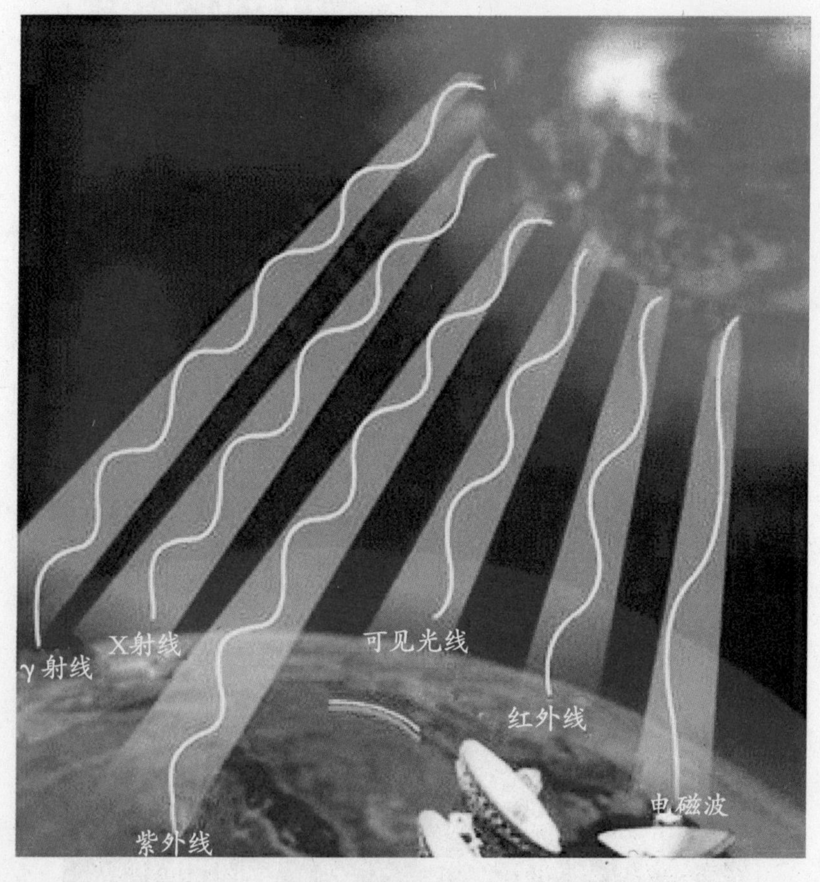

太空辐射线

那么，太阳黑子又是怎样产生的呢？这是因为太阳是一个巨大、炽热的气体球，太阳表面的温度是6000摄氏度，中心温度高达1500万摄氏度！太阳主要由氢原子和氦原子组成，在高温高压下，氢原子在太阳内部激烈活动，飞速撞击，使4个氢原子核聚变为一个氦原子，在聚变过程中放出了大量的光和热。太阳黑子就是太阳内部激烈活动的一种表现，也是太阳光球层上奔腾翻卷的漩涡状气流，但这些巨大的漩涡温度却只有4000摄氏度左右，比光球层温度低1000多摄氏度，因而显得黑暗一些，这便是太阳黑子，这就是自然界中的太阳。其实核聚变是宇宙中经常发生的一种能量转换过程，亿万颗恒星（包括我们的太阳）辐射的能量都是氢核聚合成氦核时释放出来的。而在宇宙中极大部分物质都是以等离子状态存在的，所有恒星包括太阳，主要成分都是氢和氦的等离子体。那么，等离子体又是怎样生成的呢？以太阳为例，主要依靠它本身的巨大质量和体积。根据测定，太阳的质量占到整个太阳系的99.8%，其中73%是氢，25%是氦，2%是碳、氮、氧等，它的平均密度为1410千克/立方米，比地球的密度要小好几倍（地球的平均密度为5520千克/立方米）。但在强大的引力作用下，太阳中心的密度变为1×10^5千克/立方米，每立方厘米的质子数达到1×10^{25}个，温度达1500万摄氏度。

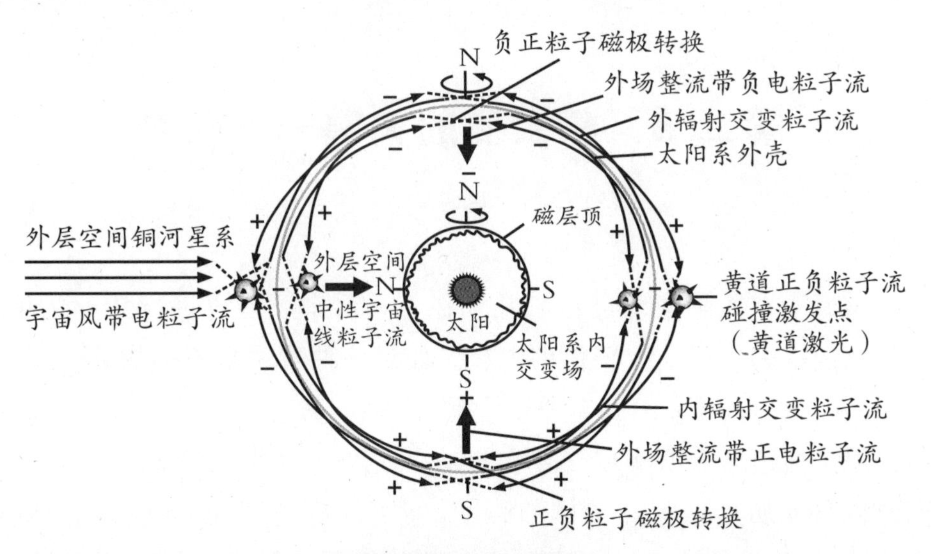

太阳中发生的是核聚变

即使在这样的条件下，太阳中也只有极少数质子在起聚变反应，大部分质子等了几十亿年还没有轮上。太阳中每克物质所发出的热量甚至不到人体在新陈代谢过程中发出热量的百分之一！太阳之所以能放出如此巨大的能量，只是因为它具有超大的质量！读者可能还是不能理解太阳每克物质放出的热量要比人体新陈代谢时放出的热量小得多的道理，因为单位时间产生的热量是和太阳的体积成正比的，而散走的热量与太阳的表面积成正比，因此，体积越大，散热越慢，温度就越高。有这样一个实例，在动物界，大象散热的速度只有老鼠的三十分之一，如果大象的新陈代谢速度和老鼠一样，大象就会被活活烤焦的。

要进行核聚变反应还有一个条件，即“必须把已炽热的等离子体约束一段时间”，至于为什么必须要有这个条件，下面我们会讲到。在太阳中，对于这个条件是不成问题的，它依靠自己的引力，自然而然地做到了这一点（但在地球上这是个几乎无法逾越的关隘）。

第二节　核聚变的关键——点火

核聚变在太阳中已进行了几十亿年，看来还能再进行几十亿年。科学家们认为，目前太阳仅到中年。如果这种看法是正确的话，那么太阳还能进行几十亿年的聚变的估计并不为过。

但是在地球上要实现核聚变却是一项极其困难的事情，例如，我们要将空气加热到等离子体的温度，那么加在它上面的压强必须有1000万个标准大气压，地球上没有一种容器能承受这样的高温和高

压，而在太阳中能自然实现的对等离子进行“约束”，在地球上也是任何材料所不能做到的，一旦与等离子体相遇，地球上的任何容器和材料就都瞬间汽化了。

至于要实现核聚变反应必须对等离子体“约束”一段时间的原因是：正如在第一章中已经介绍的核聚变必须在极高温（几千万摄氏度到几亿摄氏度）条件下进行，但要想使核聚变释放出的能量大于对等离子进行加热所消耗的能量并非易事，因为轻核只有在几百万次的碰撞中，才有机会发生核聚变反应，因此要达到目的，必须把极高温的等离子体“约束”一段时间，使热量不马上散掉。等离子体内粒子的密度很大，为增加碰撞的机会，约束时间以 τ（秒）表示，它和等离子体的密度 μ（粒子数/立方厘米）有关。密度大，约束时间可以短一些；反之，约束时间就要长一些，这就是“劳逊判据”，或称“劳逊条件”。具体的约束时间是：在氘-氚聚变中反应温度为 1 亿摄氏度；在氘-氘聚变中反应温度为 5 亿摄氏度。

一　托卡马克聚变装置

为了对等离子体进行“约束”，科学家们煞费苦心。在如此强烈的高温高压条件下，地球上有什么东西可以招架得住呢？功夫不负有心人，科学家们终于发现“磁”可以承受如此强烈的高温高压条件，因此用“磁”可以约束等离子体。苏联的两位科学家提出了“磁约束”概念。他们认为，带电粒子在磁场中将沿着磁力线做螺旋运动，磁场越强，回旋半径越小。当磁场强度高达几万高斯，温度为几千万摄氏度时，带电粒子的回旋半径只有几毫米，由于等离子体就是一种带电的粒子流，因此可以对等离子体进行“约束”。1954 年，苏联率先根据这种原理研制成功的约束等离子体的装置，称为“托卡马克”，又称换流器，在俄语中是“环形”“真空”“磁”“线圈”几个词的组合。1966 年，苏联在该装置上取得了初步成果。美国现有一台世界上规模最大的托卡马克装置在运行。这个装置在 1982 年成功“约束”了首批等离子体，使聚变反应进行了 50 毫秒，等离子体温度达到 1.8

亿摄氏度。中国也紧随其后于1984年成功研制出“环流一号”，下面将作详细介绍。

前面提到的等离子体，它实质上就是一种气体，只是由于在高温高压下，气体分子运动速度加快，相互碰撞加剧，成为原子气体，实现了部分电离或完全电离。这种气体就称为等离子体，如氢气在几千摄氏度时开始少量电离，到10万摄氏度时完全电离成为完全等离子体。

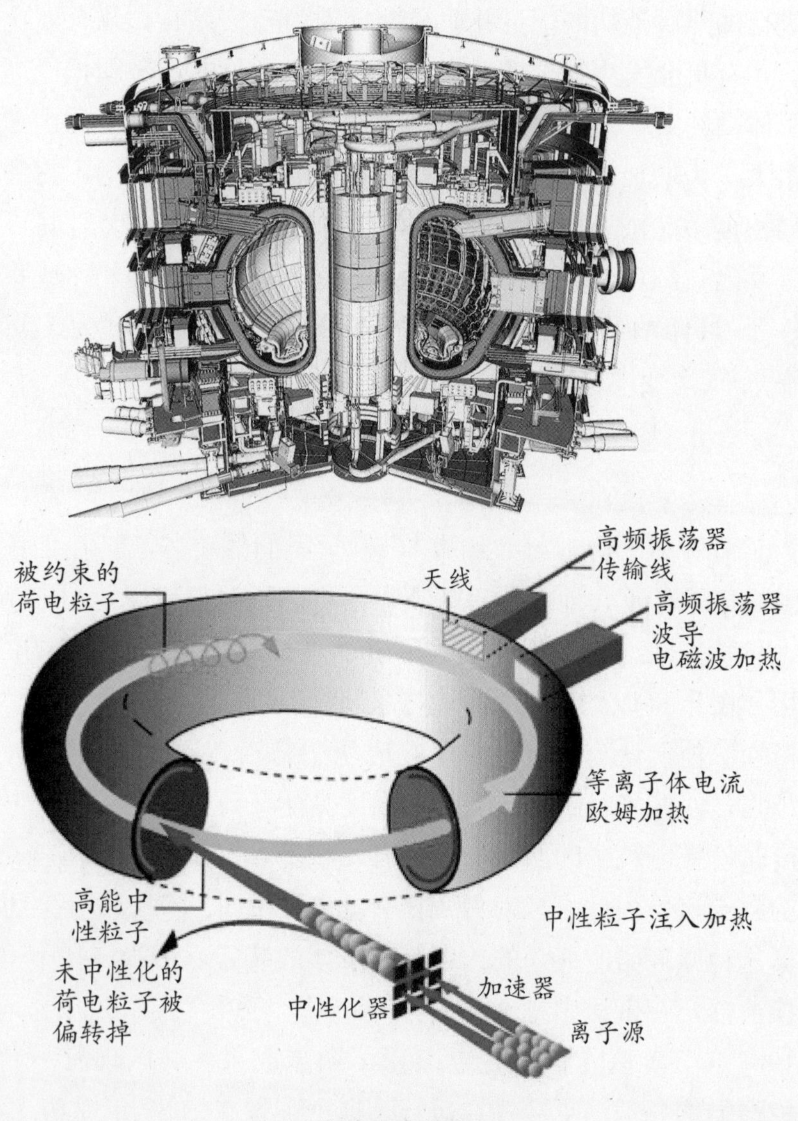

托卡马克装置

说一说这个托卡马克装置：它的主体由磁场系统和真空系统两大部分组成。磁场系统包括储能设备、变压器、环向磁场线圈和平衡磁场线圈。真空系统由真空室等组成，在实验前真空室要抽成超真空，然后充入氢或氘进行实验，目前大的托卡马克装置真空室有几十立方米到几百立方米不等。

托卡马克装置的反应堆包容在很厚的安全壳内，外面还罩有一个安全壳。与安全壳相邻的是汽轮发电机房。反应堆的环形燃烧室内，氘-氚等离子体在强大磁场的约束下进行热核反应。环形室外侧有一圈由不锈钢小室构成的包覆层，小室内装满了液态锂或固态氧化锂小球，这些材料用来吸收氘-氚反应产生的中子能量，并利用这些中子使锂转化为氚。这些氚分离出来后，又可送入环形室作为等离子体燃料使用。

托卡马克装置的大致工作方式是这样的：首先在高压作用下，使环形室内的氘-氚气体放电，生成等离子体，并在环形室内产生电流，点燃中性粒子束的注射枪，这些注射枪将带有很高能量的氘和氚作为燃料，注入等离子体，同时使等离子体的温度上升到热核“点火温度”，当核聚变反应开始时，会释放出氦核，进一步加热燃料，达到设计所要求的温度，反应堆可运行约 90 分钟。依靠不断向等离子体注入氘和氚的小球可维持反应堆的“燃烧”。当“燃烧”周期快结束时，把杂质注入等离子体内即可中止反应，然后把反应室内的全部气体抽净，重新装入新燃料，以备下个“燃烧”周期使用。锂垫在吸收中子能量后形成热源，依靠冷却剂氦或钠将热量引出，作为发电用的蒸汽动力热源。电站生产的电能中用 20％来建立磁场、产生环形电流和注射中性粒子束，其余送入电网。这样核聚变电站就可源源不断地输出大量电能。

托卡马克装置有一个较大的缺点：等离子体非常稀薄，燃料的功率密度只有 1～10 兆瓦/立方米（相对照，压水堆的功率密度可达 100 兆瓦/立方米，快中子增殖堆可达 400 兆瓦/立方米）。且由于聚变堆不能像裂变堆那样，让冷却剂直接流过反应区，因此只能在等离子体区的外围设置非常复杂的机构进行热量收集，当反应区的功率密度很低时，其外围结构的尺寸就要增大，从而大大提高了电站的建造成本。

50多年来，全世界已建造了上百个托卡马克装置，在改善磁场约束和等离子体加热上都取得了一定的成绩。1982年，苏联建成超导磁体T-15；同一年，美国普林斯顿大学建成了托卡马克聚变实验反应堆；1983年6月，欧洲在英国建成了更大装置的欧洲联合环（简称JET）；1985年，日本建成了JT-60。它们都为后来的磁约束聚变研究作出了决定性的贡献，特别是JET已经实现了氘、氚聚变反应。1991年11月，JET将含有14％的氚和86％的氘混合燃料加热到3亿摄氏度，聚变能量约束时间达2秒，反应持续1分钟，产生1×10^{18}个聚变反应中子，聚变反应输出功率约为1.8兆瓦。1997年9月22日JET创造了聚变输出功率为12.9兆瓦的新纪录，不久更创造了输出功率为16.1兆瓦新高。之后便诞生了国际热核试验反应堆（简称ITER）的合作计划，即我们在第二章中介绍的国际聚变实验堆计划，旨在建造世界上第一个聚变实验反应堆，为人类输送源源不断的清洁能源。

为了维持强大的约束磁场，电流的强度就要非常大，时间一长，线圈就会发热，从这个角度来讲，一般的托卡马克装置难以实现较长时间的运行。为了解决发热的问题，科学家把超导技术引入到托卡马克装置中去。目前已有分属法国、日本、俄罗斯和中国4国的4个超导托卡马克装置在运行，其中以法国的超导托卡马克装置体积最大，它是世界上第一个真正实现高参数、准稳态运行的托卡马克装置。

二　惯性约束核聚变装置

为了绕过托卡马克装置中存在的缺陷，科学家们研究用另一种办法来满足劳逊条件，即利用惯性约束原理，其基本要点是用激光极其迅速地加热等离子体，使它达到“点火”温度而发生聚变。1963年，苏联的一位科学家提出了这个方案。1968年，苏联科学家用激光照

射氘-氚靶，产生了聚变，证明激光引发聚变的方式确实是一条可行之路。

科学家们利用激光可以获得一种高度单色的平行光束，经过聚焦，这一光束的能量可以集中到一个非常小的点上，并能在极短的瞬间将能量释放出来！利用这样的激光技术就能在百亿分之一秒的时间内，在氘-氚靶丸解体之前就能加热到聚变温度！

惯性约束核聚变激光驱动装置

然而，为了满足劳逊条件即 $n\tau \geqslant 10^{14}$ 秒/立方厘米，要求燃料中的粒子密度非常高，当 $\tau = 10^{-10}$ 秒时，粒子密度 n 必须大于 10^{24} 粒子数/立方厘米，这个密度比固体密度还要大 10 倍左右。如何才能做到这一点呢？唯一的办法是将燃料大大地压缩。当然这种压缩不可能用普通的机械方法，也不能用化学的爆炸压缩方法，这两种普通的压缩方法是很难达到要求的，科学家们还是从激光本身去想办法：利用很多束激光，在同一瞬间从四面八方射向靶丸，在几毫微秒的时间内把靶丸表面加热到上亿摄氏度的高温。这时燃料表面迅速蒸发、电离，并以每秒上万千米的速度飞向周围的真空区。在喷发的过程中，同时产生一个向心的反作用力，造成一个冲击波，把靶丸的密度压缩到原来的万分之一，其内部压强可达到 1×10^{12} 个标准大气压，这时氘-氚就可发生聚变反应，时间仅需 10^{-12} 秒，就可“烧掉”相当多的燃料。

在这之后，释放的能量将靶丸炸开，反应就停止。这种微型热核爆炸每秒可进行 10～100 次，释放的能量被周围的锂垫吸收，转化为热能，就可产生蒸汽驱动汽轮发电机发出电能。

上面介绍的是惯性约束核聚变装置的简单原理，但是现有的激光束或粒子束所能达到的功率离需要还相差几十倍，甚至几百倍，加上其他技术上存在的问题，实现惯性约束核聚变似乎还是可望而不可即的。尽管实现受控热核聚变还有漫长的路要走，但美好的前景正吸引着科学家们去奋力攀登，“有志者，事竟成”，或许到 21 世纪中叶，人类就能掌握热核聚变的关键技术，源源不断地输送出清洁的电能为人类服务。

第三节 中国的核聚变装置

20 世纪 50 年代后期到 70 年代末，有关国家对核聚变的研究已完成了“原理性探索”，到 20 世纪 90 年代初 JET 首次将核聚变反应变为现实，这是聚变能发电史上的一个里程碑！

在中国，对核聚变的研究也从未间断过，并且取得了重大的成就。

20 世纪 50 年代，中国的第二机械工业部所属单位就开始研究可控核聚变，经过 20 多年的努力，已经形成了两大基地，分别是中国科学院合肥等离子体物理研究所和中国核工业西南物理研究院，这两大研究机构研制的托卡马克装置有部分技术达到了国际先进水平。

1984 年 9 月，中国第一台大型核聚变装置——“环流一号”建

成。换流器的大半径为102厘米，小半径为20厘米。在“环流一号”上进行过1万多次有记录的试验，获得的等离子体温度为1800万摄氏度。在电流为15万安培的条件下，等离子体可维持1.6秒。中国成为继美国、俄罗斯及欧洲一些先进国家之后，能够研制受控核聚变装置的唯一一个发展中国家。随着“环流一号”被改进为“环流新一号”，更创造了核聚变装置的优异记录：等离子体电流达到32万安培，等离子体存在时间为2.1秒等，达到国际同类型、同规模装置的先进水平！

中国科学院合肥等离子体物理研究所自成立以来，已先后建成HT-6B、HT-6M托卡马克装置和HT-7超导托卡马克装置，并建成了世界上第一台具有偏滤器的超导磁体托卡马克装置HT-7U。

2002年12月，中国核工业西南物理研究院与德国IPP公司合作建成了“环流二号A”（HL-2A），它比“环流一号”大10倍，有望取得更大的成果。

2003年4月，中国科学院合肥等离子体物理研究所宣布，在HT-7超导托卡马克装置上进行试验，等离子体的放电时间长达63.95秒，最高温度超过5000万摄氏度。HT-7的实验结果表明，中国研制的超导托卡马克装置已进入世界磁约束核聚变研究的前列。

在惯性约束核聚变领域里，中国也取得了重大成果。2002年，中国科学院上海光学精密机械研究所建成“神光二号”巨型激光器，这台装置将上百台光学设备集成在一个足球场大小的空间内，可以在十亿分之一秒内发射出相当于全球电网装机容量总和数倍的强大功率，产生足以引发核聚变反应的高温高压。目前只有美国、日本等极少数国家能够建造如此巨型的激光器，“神光二号”的总体技术性能已步入世界前五位。

我国于2003年加入国际核聚变实验堆（ITER）计划，中国科学院合肥等离子体物理研究所是这个计划的国内主要承担单位，在HL-7的基础上，该所耗时8年自主研制了实验型先进超导托卡马克（简称EAST）。EAST是世界上第一个具有非圆截面的全超导托卡马克

装置，也是具有国际先进水平的新一代核聚变实验装置。这个近似圆柱形的大型物体由特种无磁不锈钢建成，高约 12 米，直径约为 5 米，总重达 400 吨。据介绍，该装置稳定放电能力为创纪录的 1000 秒，超过世界上所有正在建设的同类型装置。与 ITER 相比，EAST 在规模上要小得多。但两者都是非圆截面的全超导托卡马克装置，其主要技术基础是相似的。我国的 EAST 至少比国际合作的 ITER 计划早投入实验运行 10～15 年。

EAST 在大型超导磁体的设计、制造及超导磁体性能测试、精密加工等方面都取得了重大突破，且自主研发部分超过 90%，与国际同类型实验装置相比，EAST 是资金使用最少，建设速度最快，投入运行早，投入运行后最快获得等离子体的先进超导托卡马克核聚变实验装置。根据目前世界各国的研制状况，受控核聚变在地球上最早可在 30～50 年后实现。

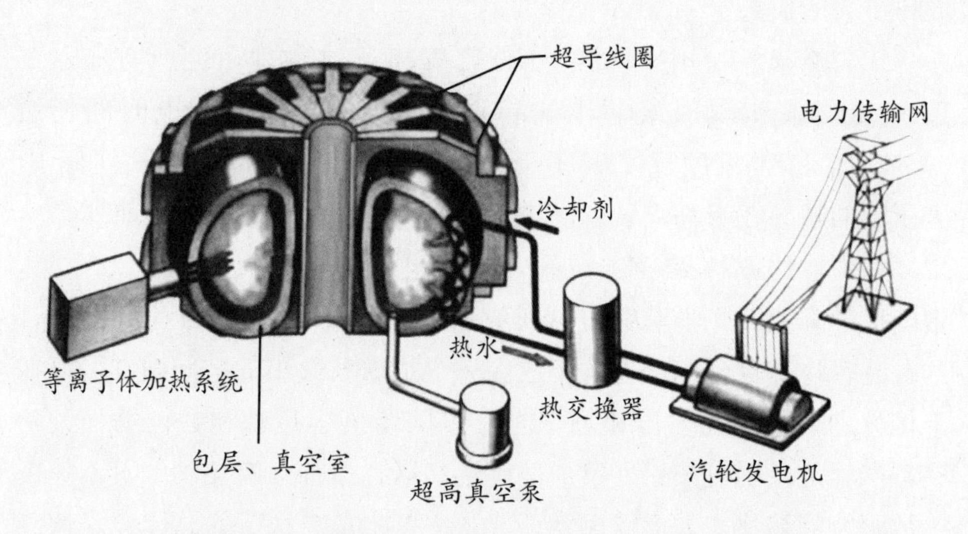

以超导托卡马克聚变堆为基础的未来聚变能电站工作示意图

第九章
核能的广泛应用

核能的应用极其广泛，从太空到地面，从地下到海洋，从医学到食品，等等，真是无所不能！核能不仅为人类提供了宝贵的财富，也给人类投下了恐慌的阴影，更改变了当今世界！本章仅从核能广泛的应用中拾取一二，以飨读者。

第一节　形形色色的核电站

一　太空核电站

1980 年 11 月 21 日，加拿大外长宣布，苏联将向加拿大赔偿 300 万加元，以补偿其核动力卫星在加拿大坠毁所造成的损失。这到底是怎么一回事呢?

起因是 1978 年 1 月 24 日凌晨 4 点多，突然，一个巨大的熊熊燃烧的火球在加拿大的黄刀市上空出现，随即消失在茫茫大地上……这个燃烧的火球就是苏联发射的核电力军事侦察卫星——“宇宙 954”号，内装一座名符其实的太空核电站，它的坠毁引起了加拿大的惊恐，因为在该卫星上载有供核电站使用的 45 千克核燃料，为了消除放射性可能造成的污染，加拿大派出大量有关人员前去调查，还出动了装有放射性物质测量仪的 3 架运输机进行空中搜索，终于在大奴湖东端找到了卫星的残骸，它正以每小时 200 伦琴的强度污染着周围环境。加拿大原子能控制局赶制了特殊的容器才把这个“怪物”装入该容器中，同时还要搜索那些细小的、肉眼看不见的放射性微粒。最终加拿大原子能控制局宣布，共找到卫星残骸 75 千克，共有大小不等

的放射性碎片约3000个。为此，加拿大花费了1480万加元，根据有关规定，苏联应该支付赔偿金。

说到这里，人们会感到惊奇，核电站这个庞然大物怎么能装在小小的卫星上呢？原来太空核电站的发电方式有了极大的改变，采用热能至电能直接发电方式，而且采用了热电元件，它既小又轻，能将核能直接转化成电能，把在地面上核电站要使用的一系列笨重设备和大量用水统统省略，使太空核电站的“体重”猛降到几十千克。

另外，太空核电站中的反应堆也进行了重大改革，它将地面核电站为防止射线对人体伤害所采用的庞大而笨重的防护材料设施统统抛掉，因为这种卫星是不载人的！但是就像苏联的“宇宙954”号卫星意外进入加拿大上空的大气层而坠毁怎么办呢？为了解决这个问题，卫星可做成两个部分，装有核电站的那部分，另外专门装置一套专用火箭发动机，当卫星完成预定任务后，地面控制系统发出指令启动专用火箭，把装有核电站的那部分与卫星脱离并把它推向1000千米以上的高轨道，在那里核电站可以绕地球运转6000多年方才掉回地面，到那时反应堆中的裂变物应该衰变完了，即使掉回地球也太平无事！

当然，还可以在太空核电站上采用高浓缩铀，使卫星携带的核燃料大大减少，体积也大大缩小，小到甚至能装进学生背的书包中。这样的太空核电站，对人类未来的星际航行更是特别需要。如1977年美国发射的“旅行者”号探测器携带的就是一座功率比较大的太空核电站，如果还是利用太阳能，依它已飞行的距离，能利用的太阳能只有地球上接收到的几百分之一，远不能满足需求！

二　海上核电站

在大西洋海面上，漂浮着一座比足球场还要大的环形“小岛”，它就是海上核电站，“岛”上高大的厂房隐约可见。这是由美国设计的一座海上核电站，建造在长130米、宽120米和深12米的铁制浮动箱上。浮动箱露出水面3米，有9米处于水下，整个核电站重约16万吨，可以在深15米的浅海中漂浮。核电站周围设置了防海潮与海

浪冲击的防波堤。这种防波堤异常坚固，是用1.7万多个星状样的钢筋混凝土堆桩垒成的，而且在堤下还配有许多个60米长的混凝土沉箱作“地基”支撑着。堤上建有水闸，以使海水进入核电站周围，作为冷却剂用。但当有大型油轮快速驶近或有特别大的海潮时，必须将闸门关闭。

海上核电站可先在海港内建造，然后用大轮船像拖泊船一样将它拖向离海岸不远的浅海区或者海湾附近。核电站发出的电力可以通过海底电缆与岸上的电网接通，引入工厂或家庭使用。

海上核电站的优点是造价比陆地核电站低，而且在核电站选址时，不需要像在陆地上那样要考虑地震、地质等条件，以及是否在居民稠密区等，选址余地大。另外，海上核电站的工作条件几乎都是一样的（在陆地上就不一样了，要因地而异），这样使核电站的制造可以按标准化要求进行，既简化了生产过程，又方便使用，还可降低建造成本，缩短建造时间。

现在，人们对海上核电站很感兴趣，特别像英国、日本、新西兰等国，其陆地面积少，海岸线却很长，建造海上核电站可以充分利用这一优势！

三　海底核电站

前面介绍的是可以漂浮在海面上的核电站，这里说的是潜伏在海底的核电站。海底核电站特别适合使用于海洋采油平台的供电，如果从陆地上向海洋采油平台供电，需要通过海底电缆输送，不仅技术上要求高，成本也高。如果在采油平台的海底附近建造海底核电站，可以做到近距离送电，而且还可以为其他远洋设施提供廉价的电能。

海底核电站和陆地上的核电站从原理上讲是一样的，只是海底核电站的工作条件要比陆地上的核电站苛刻得多。首先，海底核电站的各种零部件组件应能承受住几百米至上千米深的海水施加的巨大压力，其次所有设备必须做到滴水不漏，并能耐海水的腐蚀。因此海底核电站的反应堆应安装在耐压的堆舱里，汽轮发电机则密封在耐压舱内，

堆舱和耐压舱都固定在一个大的平台上。考虑到安装方便，海底核电站可在海面上安装完成后再沉到海底中预先选定的海底地基上进行固定。在运行数年后，也可像潜艇那样浮出海面，然后拖至海滨基地进行检修和更换堆料。

美国是最早研究海底核电站的，其在1974年就提出建造发电容量为3000千瓦的设计方案，它包括反应堆、发电机、主管道、废热交换器、沉箱等几大部分。反应堆采用安全性非常高的铀氢化锆反应堆，这种反应堆还有一个特点，其发电能力在极短的时间内能由零迅速升至几百万千瓦，并且还能自动回落。人们称它为脉冲反应堆。这座反应堆平时的发电能力虽然只有3000千瓦，但最高时可达600万千瓦，是平时的2000倍。

英国研究海底核电站也比较早，1978年，英国有几家公司联合提出了海底核电站的设计方案，与美国海底核电站的主要不同点是，英国方案里装置了两座反应堆舱，这样当一座反应堆停堆换料时，另一座反应堆能照常供电，保证采油平台连续用电的需要。这两座反应堆被安装在长60米、直径为10米的耐压舱内，该耐压舱可在500米深的海底长期稳定工作。

四　地下核电站

自从1986年苏联的切尔诺贝利核电站发生严重核泄漏事故后，科学家们为提高核电站的安全性和可靠性动足了脑筋，提出了许多改进方案和具体措施，地下核电站就是其中的一个方案。经过论证，科学家们一致认为：地下核电站比地上核电站更安全，并且在经济和技术上都是可行的。所谓地下核电站，就是把核电站建在石质或半石质地层中的中小型核电站。这种核电站可保证在运行中不会危及周围环境，而且便于封存已到使用寿命的反应堆，受地震的影响也有所减轻。据分析，将发电能力为100万千瓦的核电站建在50米深的地下，建筑费用只增加11%～15%。如果把关闭核电站所需费用也算进去的话，那么地下核电站的造价可能比地上核电站还稍低一些。以发电

能力为50万千瓦的核电站来说，地下核电站的建造费用比地上核电站多20％～30％，但把关闭核电站等费用都算进去后，仅多4％～11％。

第二节　太空核推进器——“普罗米修斯”计划一瞥

普罗米修斯是古希腊神话中的一位天神，他将天上的火种送到人间，使人类得以跨进文明时代。今天的“普罗米修斯”则又把人类创造的核能从地球扩展到“天堂”。美国有一项发展太空核电的计划，原名“核系统倡议”，现已改为“普罗米修斯”计划，该计划主要是研发太空核推进器和太空核电站。太空核电站已在前面介绍过，这里就只谈谈太空核推进器。

目前太空核推进器是利用核裂变产生的能量转换成推力，推动航天器飞行的。一名科学家甚至提出用核聚变推进的设想，它比核裂变能释放出更多的能量。对于太空核推进器，最先提出方案的是美国的两名科学家，他们认为采用外部核脉冲推进（即在飞船的外部制造连续的原子弹爆炸），使飞船推进的速度达到每秒12千米，但这种推进方式是由不可控的原子弹爆炸形成的，对飞船的抗冲击、抗辐射等要求实在太高，当时的技术根本无法达到。另一方面，每秒12千米的速度，对实现太空航行还是显得太慢了。

太空核推进器主要由核反应堆系统、热电转换和电-推力转换系统组成。核反应堆系统就是核电站。热电转换是将核反应堆产生的热能转换为电能，热电转换有静态热电转换和动态热电转换两种，后者

比前者转换效率高，但结构复杂，重量大，技术要求高。电-推力转换系统也称电推系统，在“普罗米修斯”计划中要求开发新型电推系统增大推力，提高其使用寿命达10年以上。

在进行太空核推进器的开发中，科学家们还发现了一种高效核燃料镅-242，这是一种理想的核燃料，只需有铀或钚质量的1%就能开始持续裂变。如果将镅-242制成厚度小于1微米的金属薄膜，它仍然可以维持核裂变反应，产生高温、高能的推进剂。因此，可以将镅-242的裂变反应产物本身作为推进剂来产生动力，也可以用它来加热某种用作推进剂的气体，或作为一种能产生电能的特殊发电机的燃料，这样最直接的好处是航天器要携带的燃料可以大大减少。目前，美国正在研制这种核推进器，预计到2020年可以投入使用，它具有极大的推力，但消耗燃料却很少。到那时，我们去火星也只需两个星期（使用目前的化学燃料的火箭最快也得8至10个月），而飞抵比邻星也只需40年，我们的下一代或许能尝到飞出太阳系的别样滋味！

说到这里，再介绍一种核推进器——离子推进器。欧洲第一个月球探测器“智慧1”号就是采用了离子推进系统，这也是为什么在已有相当数量的月球探测器发射至月球的情况下，人们独独对“智慧1”号刮目相看的原因。“智慧1”号采用了崭新的核推进系统——氙离子发动机，它比普通化学能发动机的动力大10倍以上。这与普通火箭相比，在相同的发射要求下，它可以携带较少的燃料，可以留出更多空间来装载更需要的探测设备和仪器。据介绍，这种离子发动机所携带的燃料只占探测器总重量的20%左右。

目前离子推进器的推力都比较小，包括美国航空航天局和休斯公司研制的“深空1”号探测器中的推进器。为此，美国航空航天局正在研制大功率、长寿命的离子推进器，其中一个是由格伦研究中心牵头，波音等公司电动力学部参加的高功率离子推进器研制组，目标是研制出高功率、大推力的离子推进器；另一个是核电氙离子推进器研制组，由喷气推进实验室牵头，波音等公司有关部门参加，目标同样是研制出高功率、大推力的离子推进器。

所谓离子推进器，是利用带电粒子的运动产生推力的航天器用发动机，也称等离子体推进器。它有三种形式：霍尔效应推进器、磁等离子体推进器和脉冲等离子体推进器。

离子推进器

对于霍尔效应推进器，不必对“霍尔效应是什么”刨根问底，只要知道采用霍尔效应研制成的推进器，其推力会得到极大提高即可。俄罗斯科学家已将霍尔效应推进器应用于卫星轨道的控制上。1994年以来，又有8颗地球静止轨道卫星上装备了霍尔效应推进器，累计在卫星上使用霍尔效应推进器已远远超过60台，在“快讯-11”卫星上，霍尔效应推进器工作时间已超过1500小时。美国科学家也在大力研制霍尔效应推进器，希望达到更高性能，承受更高电压。如格伦研究中心等公司已完成霍尔加速器（高电压）的初步试验，Busek公司正在研制高性能霍尔效应推进器，以期待将这种技术应用到星际探测中去。

磁等离子体推进器是将等离子体的能量提高，使其以较高的速度

运动。这样，等离子体中运动的电子会产生很强的磁场，从而使等离子体本身在强磁场的作用下被加速到极致。这种高速离子流可以产生巨大的推力！根据这样的思路研制成的推进器被称为磁等离子体推进器，它能将等离子体加速到每秒 40 千米以上。若用安装了这种推进器的飞船去火星，所需的燃料只为常规化学燃料的三十分之一。目前美国、日本和一些欧洲国家正在积极研制这种推进器，有望使其较快问世。但使用这种推进器，即使飞到距离太阳系最近的比邻星也要 2.5 万年！

脉冲等离子体推进器已在美国卫星 EQ-1 上使用，工作正常。当利用卫星拍摄图像时，该推进器可以精确控制卫星的俯仰角度，防止对卫星上的电子设备产生干扰和污染。格伦研究中心还在继续改进脉冲等离子推进器的储能技术。

第三节　核潜艇

核能的一个重要应用就是核潜艇，它具有隐蔽性好、续航力大、潜航时间长、航速高等特殊优点。由于核潜艇在海上航行且担任战斗任务，因此它的核动力装置与一般核电站不同，主要要求其体积小、重量轻，控制系统简单、灵活。核潜艇上的设备要耐冲击、耐振动、抗摇摆，并在出现横倾、纵倾 40°～50°的情况下仍能良好地工作，其核辐射、热辐射和电磁辐射应尽量弱，噪音也尽量小。这样严格的要求显然对设计制造带来了重重困难。

正在航行中的核潜艇

1951年8月，美国海军和电动船舶公司签订了建造第一艘核潜艇的合同，并命名为“魟鱼”号。1955年4月22日“魟鱼”号作为世界上第一艘作战核潜艇加入美国海军服役，它可以连续潜航近700千米且不被发现，甚至能躲避标准鱼雷的攻击。它用第一炉核燃料换来了312814米的潜航路程，仅消耗几千克浓缩铀，若用常规潜艇并以相应速度航行这一距离，则需800万升汽油。“魟鱼”号还开创了一次潜航3049千米的新纪录，又参加了北极的探险航行后胜利返航!

1958年，苏联第一艘核潜艇建成，性能超过美国的“魟鱼”号，遂结束了美国在核潜艇中的垄断地位。美国当然不会甘心落后，于1959年12月30日将第一艘装有“北极星”弹道导弹的核潜艇“华盛顿”号编入美国海军服役，并于1960年7月2日进行首次水下发射试验，发射“北极星A”型战略导弹获得成功。“华盛顿”号核潜艇长116米，下潜深度为270米，艇上装有16枚“北极星A-1”型导

弹。它的出现，使潜艇的作战范围从海上扩展到陆地，攻击目标从军舰扩展到重要战略设施。

核潜艇进行水下发射

1979年4月9日，美国“三叉戟核潜艇计划”的第一艘潜艇——“俄亥俄”号核动力潜艇下水服役，它是当时世界上最大的潜水艇，长170.6米，宽12.8米，规定乘员130余人，潜航时排水量达18700吨。在该潜艇中部装有24个导弹发射管，装备有射程为7200千米的C-4三叉戟Ⅰ型导弹，每枚导弹装有8枚爆炸威力为10万吨当量的核分弹头，可以分别击中不同的目标。也就是说，“俄亥俄”号核潜艇可以同时向192个不同的战略目标发射导弹，其爆炸威力相当于落在广岛和长崎的原子弹的5倍。由于它的消音效果好，被誉为“静悄悄的潜艇”。

我国的核潜艇研制工作从1965年开始，1968年正式动工建造，1970年第一艘核潜艇下水试航，1974年8月1日，我国第一艘核动力潜艇被命名为“长征一”号并正式交付海军使用，从此，我国成为世界上第五个拥有核潜艇的国家。1981年我国第一艘导弹核潜艇也顺利下水。

从核潜艇上发射导弹

我国的第一艘核潜艇共有设备 4.6 万多台，全部由国内自主制造，涉及 24 个省的 2000 多家工厂、研究所和大专院校。对于该核潜艇的质量有这样一个对比：某大国的核潜艇在水下航行 80 多天后，有的船员被抬出核潜艇，我国的核潜艇在水下航行 90 天后，船员们

仍然能精神抖擞地走上码头。这在有些方面（如人机工程设计等）是可以反映出核潜艇的质量和水平的。

我国自行研制的第一艘核潜艇“长征一”号

第四节　核电池

如果能源不能储存，它的用途就会大打折扣。太阳能可以转换成电能被储存起来，化学能也可以转换成电能被储存，那么核能能不能转换成方便储存和携带的电能呢？也就是说，有没有可能当有一天我们走进超市或商店，像我们购买的手电筒中用的电池或遥控器中用的电池那样，核电池整整齐齐地摆放在货架上让我们挑选呢？答案是肯定的。除太空探索和海底深潜早已用上了储存的核能——核能电池

外，医院手术室中也出现了核电池的影子，超市中的货架上出现核电池是迟早的事。说到太空探索，我们可以举出许多探测器都使用了核电池的例子。近的不说，先说说比较早出现的太空探测器，即 1976 年的两个“海盗”号探测器和 1977 年的两个“旅行者”号探测器。

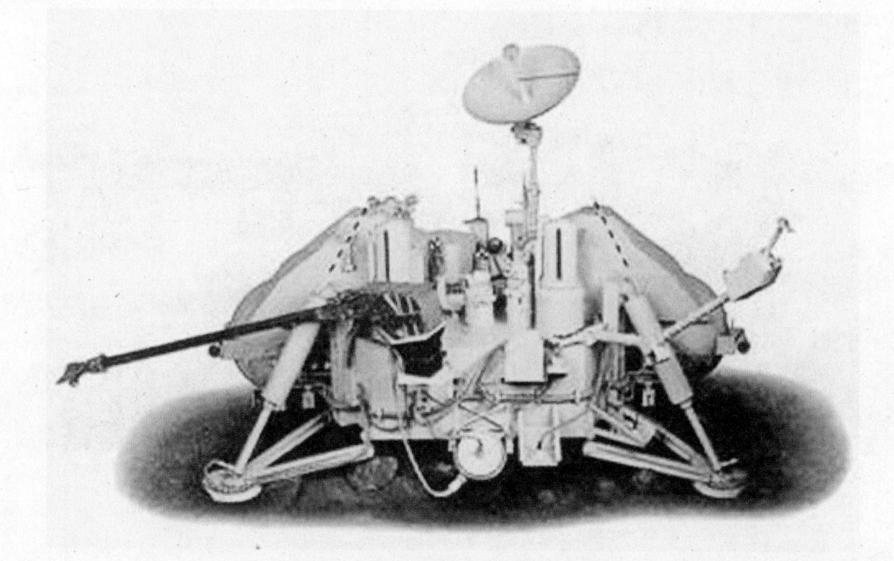

“海盗 2”号放出的火星着陆器

“海盗”号探测器模拟图

"旅行者 1"号探测器

"旅行者 2"号探测器

"海盗"号探测器的任务是探测火星，但火星上白天和夜晚的温差巨大，一般化学电源无法正常工作，再说“旅行者”号探测器即使从地球飞到海王星也需10年左右，海王星上的太阳光极其微弱，太阳能电池已经无能为力，那么，这些探测器上使用的是什么电源呢？核电池！也称作“放射性同位素温差发电器”，顾名思义，就是利用温度差异来发电。我们提到的“海盗”号火星探测器各用了两台钚-238温差发电器，使用功率均为70瓦，而“旅行者”号探测器各用了三台钚-238温差发电器，使用功率均为450瓦。

什么是“放射性同位素温差发电器”呢？先说说温差发电，大家或许看到过测量炉子温度的热电偶吧，这种测量方法比较特殊，它不是用测量温度的专用仪表——温度计，而是用测量电压的毫伏表。它把两种不同的金属丝拧起来，其中的一个接头放在测量温度的地方，称为热接点，把另外两个接头（两种金属丝各有一个头）叫冷接点，接在毫伏表上就可以测量炉内的温度，因为热接点温度高，冷接点温度低，两端有温差，就产生电动势，根据毫伏表上指示的电动势大小，就可知道炉内的温度。这种由温差引起电动势变化的现象叫“塞贝克效应”，也叫“温差电效应”。要使温差发电器发电，必须有一个合适的热源和散热器，这两者构成了温差就可发电。再回到核电池，我们知道，放射性同位素是一种不稳定的同位素，它时刻在进行衰变，放出热量，而要用作温差发电器热源的同位素必须具备半衰期长、放射性危险小且容易包装等条件。满足了这些条件，就可把这些同位素做成化合物并用耐高温材料包封起来，这就制成了核电池。目前用作同位素发电器的热源主要是钚-238、锶-90，将来还可能用锔-244。核电池能量大、体积小，可长时间使用，最长可达10年以上，而且无转动，部件无声，无论温度变化、环境条件、压力增减等外界因素如何作用，都能始终均匀稳定地释放电力。除上面已列举的“海盗”号、“旅行者”号探测器外，还有美国1961年发射的子午仪导航卫星上的“斯奈普3”发电器，它一直工作到1972年，地面还能接收到它发出的信号。目前国外正在设计寿命为20年的温差发电器。

核电池在心脏起搏器中表现突出，它可以源源不断地为心脏起搏

器提供充足的动力。1970 年，法国的一位老年妇女体内首次植入了一个带钚-238 温差发电器的心脏起搏器，足足使用了 10 年以上，是所有其他电源所不能比拟的，也没有办法比拟的。

心脏起搏器

能够完全取代人体心脏的人工心脏正在加紧研制，并已开始在某些动物身上做实验，当然，它也离不开能源。在人工心脏中，核电池又是最关键的部件。专家们认为标准化的植入式人工心脏采用钚-238 核电池作为能源是最合适的，虽然这一课题还存在诸多困难，但科学家们认为，用不了很长时间就会有重大突破，核电池将会给千百万严重心脏病患者带来福音！

还有可植入人体内的膈神经模拟器，其能源也来自钚-238 核电池，模拟器净重只有 198 克，是 1975 年由美国研制成功的，它借助核电池产生的电能，刺激一根或多根膈神经，起到控制人体呼吸速率的作用。

当然微型钚-238 核电池还有其他许多用途，如可作为刺激括约肌、假肢和其他人工脏器的能源等。

核电池除用做深空探测器上的电源外，还曾为人类登月作出了极大的贡献。比如，人类登上月球，“阿波罗 11”号在月球表面的“静海区”着落之后，接着进行了一系列的科学实验，他们采集岩石样品，测定太阳风等，在“阿波罗 11”号飞船上就安装了两个用钚-238做的核电池，热功率为 15 瓦，用途是在月球表面上过夜时取暖。在后来发射的“阿波罗”飞船上，核电池不仅担当取暖之用，而且另有重用，它使用的燃料还是钚-238，但输出功率已提高到 63.5 瓦，设计寿命为 1 年，重 31 千克。

“阿波罗 11”号航天员登月（“阿波罗 11”号安装了核电池）

第五节　核医学

一　放射性免疫分析

放射性免疫分析是物理学家雅洛巧妙地将放射性测量时的高灵敏性同人体中自然存在的免疫反应的强特异性相互“杂交”后的产物，从而为精确测定人体体液、血液中微量和超微量物质，开创了一种简便、快速、可靠的方法。在我国北方，有一种地方病叫克汀病，俗称小儿呆小症，症状要到孩子半岁以后才表现出来。孩子的症状主要表现为呆、小、聋、哑，几近残疾，若等到表现出来时才进行治疗，为时已晚。其发病率高达10%以上，而且无法救治。放射性免疫分析的应用，为人们在最早时间诊断出克汀病找到了方法：在婴儿出生后的3～4天，在婴儿脚后跟扎上一针，取出一滴血，测定甲状腺激素的含量，就可判断这个婴儿是否患上克汀病，如果是，此时即可进行治疗，有利于婴儿健康成长。放射性免疫分析的最基本功能就是能将含量极低的物质测出，比常规医学分析的灵敏度高出几十倍，它能测出10^{-12}克至10^{-15}克的极微量物质的存在。用它进行体外分析，放射性物质不会进入人体，只需一滴体液（尿或血液等）便可得知人体内的健康状况。再比如对心血管疾病（如心肌梗死等），一直很难在极早期发现。用放射性免疫分析方法，可在心肌出现坏死的最早一刻发现含量极其低的肌红蛋白（10^{-9}克），这便是危险的信号，可立即进行针对性诊治。

放射性免疫分析方法应用范围十分广泛，它可以测定人体中 300 多种微量物质，而有许多种是用其他方法所无法测出的。我国的放射性免疫分析进展很快，有些分析方法已具备国际先进水平。

二 核磁共振诊断

贝斯以色列医院和波士顿哈佛医学院的研究人员研究发现，血浆中的质子在核磁共振信号上可形成一种特殊频率线，从而能寻找到与恶性肿瘤的某种关联因素。他们共分析了 331 人的血样，包括健康志愿人员、良性和恶性肿瘤患者、其他疾病患者及孕妇。测定结果发现：41 名健康志愿人员的频率线平均宽为 39.5±1.6 赫，81 名未诊治的恶性肿瘤患者的频率线宽为 29.9±2.5 赫，二者差异显著。而其他疾病或良性肿瘤患者的频率线宽和健康人接近。因而提示出，凡频率线宽在 33 赫或更少者均有患恶性肿瘤的可能。

核磁共振是核磁共振影像技术的简称，1946 年由美国斯坦福大学的布洛赫和哈佛大学的伯赛尔教授研制成功，因此他们于 1952 年双双荣获诺贝尔物理学奖。

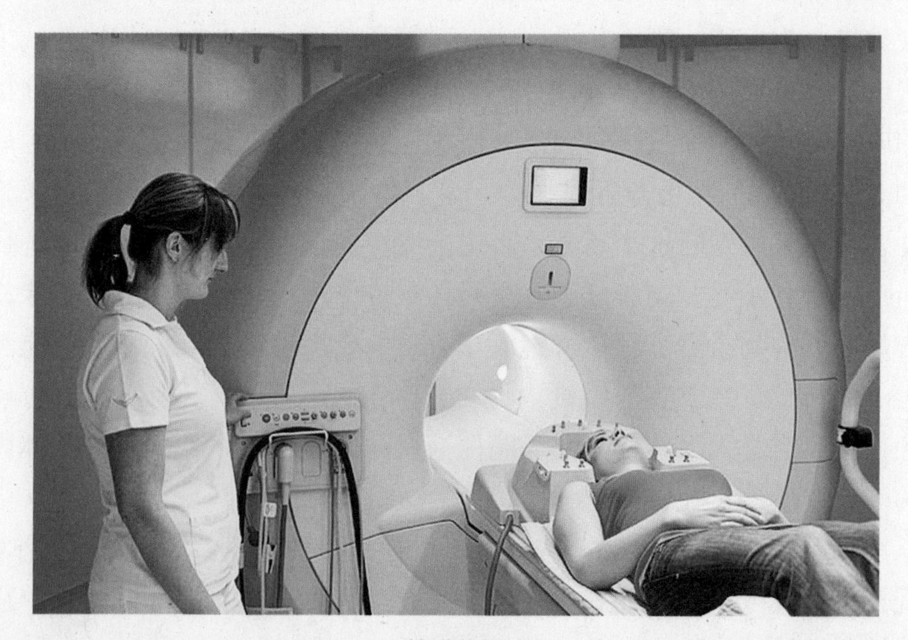

核磁共振

核磁共振在医学上具有广泛的应用，它可以在神经系统、循环系统、泌尿系统以及其他系统（如内分泌、代谢疾病等）帮助医生作出正确的诊断！

那么核磁共振与CT（X射线中的一种类型）有什么区别呢？简单来说，CT能做到的，核磁共振几乎都能办到，而核磁共振所特有的本领，CT是望尘莫及的。当然，核磁共振也并非万能，还存在许多缺点。

第六节　辐照食品

简单来说，辐照食品就是利用γ射线或电子射线杀虫灭菌，使食品可以在比较长的时间里保持新鲜而不变质的加工食品的一种新技术。经辐照后的食品，可以在常温下储藏运输，这等于延长了食品的食用寿命。

那么经过辐照后的食品会不会残留放射性？这一点大家完全可以放心，放射性必须是具有一定能量的粒子与原子核相互作用后才能产生，而食品辐照使用的γ射线与物质相互作用后根本不可能产生放射性。在我们经常食用的食品中，也都含有极微量的天然放射性，这些放射性是微不足道的，大约是人们日常接触的宇宙射线的十万分之一。

根据规定，辐照食品在包装上必须贴有我国有关部门统一制定的辐照食品标志

我国有关部门陆续批准的辐照食品种类

辐照食品标志及经我国有关部门论证的辐照食品

你知道吗

辐照装置

辐照装置是利用辐射源对材料或物品（含食品）实施大剂量可控照射的装置。常按辐射源类型不同分为放射性同位素 γ 辐照装置（如钴-60 辐照装置）和电子加速器辐照装置。

那么经过辐照的食品会不会产生毒性？食品经辐照后可以产生辐照产物，这相当于用其他保鲜方法所产生的添加剂，但这种辐照产物在经过短期存放后会很快衰减。同时经过各种试验及长期观察，证明辐照食品是没有毒性反应的。这种试验曾在志愿者身上进行过，也在动物身上进行过。经具体试验有这样一组试验结果：受试者主观感觉良好，未出现不良体征和反应。血常规和血尿生化指标测定以及检测外周淋巴、染色体畸变等表明，对造血、肝肾功能、血脂血糖含量及内分泌系统均无不良影响，外周淋巴细胞染色体也未见畸变反应。因此可以认为，食用辐照食品是安全的。上述研究分析结果是我国从1982 年至 1985 年，由 29 个单位协作开展的对 44 种辐照食品进行卫生学安全评价所作出的结论。针对当前世界上食品在储藏运输过程中的惊人损耗，据联合国有关部门估计，每年仅粮食的耗损就可占其产量的 20%，非洲每年损耗的谷物可养活 7500 万人。我国每年因虫害、霉变而损失的粮食也占总产量的 10%左右。因此，广泛采用食品辐照，可以极大地减少食品的损失，是极为重要的节约粮食的手段。

目前，已经确认在下述几个方面进行辐照加工是行之有效的：低剂量抑制发芽，辐照马铃薯、洋葱、大蒜、生姜等可使它们不能发芽；辐照蘑菇类食用菌可抑制它们“开伞”；辐照杀虫和改进食品品质，可用于谷物、面粉与其制品等食品中；辐照针对性灭菌保鲜，可用于肉类及其制品、鱼虾、香料、调味品等；辐照灭菌消毒，可用于新鲜罐装液体饮料、医院病人和航天员所需的无菌食品等，它灭菌彻底、卫生安全。

马铃薯的辐照保鲜——抑制发芽（左为对照物）

第七节　辐射育种

辐射育种的历史可追溯到 1930 年，瑞典科学家用 X 射线诱变，第一次获得了秆硬、穗密的大麦突变体。至 20 世纪 70 年代开始普遍采用中子和其他电离辐射，使经辐射诱变育出的品种迅速增加。同时由于航天事业的发展，采用航天诱变育种也在积极进行中（实际上太空就是一个辐射源，在太空中进行诱变育种和在地面上进行没有大的

冬小麦的辐射育种

区别，所不同的是，在太空中诱变育种不需要辐射源，而在地面进行诱变育种要设置辐射源)。诱变育种的目标除培育早熟、抗病、抗倒伏等新品种外，还要进行高蛋白、高赖基酸的育种研究。据不完全统计，至今全世界通过辐射育种育出的新品种不下千万个！

月季花的辐射育种——使其发生白色突变（左为对照物）

辐射育种常用的电离辐射有 X 射线、β 射线、γ 射线和中子等。

电离辐射可以引起细胞核内染色体产生畸变或者使染色体断裂，然后以新的方式连接起来，使遗传基因分子组成发生改变。由于农作物是受染色体和基因控制的，因此染色体和基因的改变会导致农作物性状的改变，这就是辐射育种的道理。它和其他育种方法相比，具有独特的功能：采用诱发变异，诱发变异导致突变的概率与自然界中发生的自然突变概率相比要高出几百倍甚至几千倍，所以用辐射育种可以相对容易地创造出自然界里本没有的新作物，而且这些新作物的品质更为优良。辐射育种的时间比杂交育种等方法要短得多，一般只需三四年，而杂交育种没有七八年是培育不出一个新品种的。辐射育种方法简单，只要有辐射源，把种子或植株放在射线下照一下就行了，相比其他育种方法更容易做到。

第八节　辐射绝育

人类同各类害虫的斗争是逐步升级的，先是进行“化学战”，亦即采用化学药剂灭杀害虫，但是化学战的反复使用，促使各类害虫的抗药性显著提高，灭杀效果大大下降，同时，化学药剂反过来还会贻害人类自己。人们于是想到以虫治虫的办法，核技术在其中发挥了独特的作用，这就是辐射绝育！所谓辐射绝育，就是利用放射性同位素发出的射线（最常用的是钴-60，可放出具有很强穿透能力的γ射线）照射害虫，通过控制照射剂量，使害虫仍可以保持交配能力，但交配后所产生的卵却不能孵化，让害虫“断子绝孙”。这种以虫治虫的办法不污染环境、不会伤害人类自己，同时也不会杀害害虫的“配偶”。

事实证明，这种辐射绝育的方法行之有效，如美洲有一种对大牲畜构成危害的螺旋绿蝇，它专在牲畜身上产卵，孵化生蛆，使牲畜中毒，往往10天左右就会死亡。美国为了消灭这种毒蝇，特地建造了一个“育蝇”工厂，每周可育成螺旋绿蝇5000万只，再经核辐射线照射使它们绝育，然后用飞机在三个月中天天在受毒蝇危害地区的上空投放经辐射后的螺旋绿蝇，达到每平方千米40只，17个月后，该地区不再有具有生育能力的成年蝇，后又用此法将全美国的螺旋绿蝇全部灭绝！

那么，具体是怎么实施的呢？过程是这样的：先在12摄氏度下待螺旋绿蝇化蛹后的5～6天，或者在成蛹前的2～3天，对雄蝇使用2500伦琴辐射剂量，对雌蝇使用5000伦琴辐射剂量，经辐射后它们仍可交配，但没有生育能力（不产卵），而正常的雄蝇与受辐射后的雌蝇交尾后，仍然产卵，但卵却不能孵化，这样一代复一代，虫子的数量迅速减少，最后被灭绝。美国还在得克萨斯州建造了一个奇怪的工厂，专门生产苍蝇，但生产的都是没有生育能力的雄苍蝇，这种苍蝇交尾次数越多，灭绝得就越快。

我国在辐射绝育中也有所建树，对蚕咀蝇、小菜蛾、玉米螟等10多种害虫进行了辐射绝育。如对玉米螟，辐射剂量设在它们处于半不育的状态，使玉米螟的细胞染色体发生易位变化，从而使90%以上的下一代丧失了生育能力，并且避免了在田间释放时必须采取雌雄分离的复杂技术。1981年，科学工作者还在辽宁省菊花岛进行了释放半不育玉米螟灭绝试验，先后释放20批后，诱捕到的辐射玉米螟和野生玉米螟数量相当，在玉米田中检查到的不育卵和正常卵也大体相当。这一方面证明经辐射的玉米螟与野生玉米螟都具有交尾能力，同时也可看出该地区的玉米螟密度已有较大幅度的下降。实践告诉我们，辐射绝育除虫是大有应用前景的。

结尾的话

在本书的最后，我们尝试对核能的未来进行预测和展望，看看它能达到一个什么样的新境界！

一　跨进第四代核能系统

早在10多年前，美国能源部就已着手规划发展在经济性、安全性和废料处理等方面都有重大革命性改进的新一代核能系统——第四代核能系统。按照目前的共识，第一代核能系统是指20世纪50年代末至60年代初，世界上建造的第一批原型核电站。第二代核能系统是指在20世纪60年代至70年代，世界上大批建造的单机容量在600兆瓦至1400兆瓦的标准型核电站，它们构成了目前世界上正在运行的核电站的主体。第三代核电系统是指20世纪80年代开始发展，在90年代投入市场的先进轻水堆核电站，但这种核电系统初期投资较大，建设周期较长，项目规模较大。为了满足未来世界能源的要求，保证能源供应的安全性，减少二氧化碳排放和对环境的影响，美国能源部提出了第四代核能系统计划，向市场提供能够很好解决核能经济性、安全性、废料处理和防止核扩散问题的第四代核能系统，其最主要的指标是，在事故条件下无厂外释放，不需厂外做应急处理。首先应表明，无论核电站发生什么事故，都不会造成对厂外公众的损害，并通过对核电站的整体测试进一步向公众证明核电的安全。同时应体现出核电站的模块化结构，比如其反应堆设计成煤球炉式反应堆，有

了这种反应堆，不用修建1000兆瓦这样的大型核电站，只需建造每个产生100兆瓦电力的模块，按需拼合，即可达到1000兆瓦这样的核电站的水平。这种模块拼合方法，经济实用，使建造成本大大降低。如果核电站模块工业化生产可以实现，这无疑是一个革命性的改进！南非计划自2007年开始建造一座110兆瓦的煤球炉式示范核电站，计划于2011年竣工（但尚未见到已完成的报道），到2013年即可生产出大约165兆瓦的商用核电站模块，建造者希望能在全球特别是在全非洲使用这种模块。

核电站采用模块化设计

这里还要提到的是跨进第四代核能系统的以钍为燃料的熔盐反应堆（简称MSR），它用液态钍取代了今天在核电站中使用的固态铀，这就彻底杜绝了堆芯熔解和导致放射性物质外泄的严重事故发生。

在目前所有的第四代反应堆设计中，“确实证明了MSR是一种能够成功运行的设计。”美国橡树岭国家实验室核技术项目办公室的资深项目主管说。

在安全方面，MSR的设计有两个主要优势：首先，它的液态燃料储存的压力要比轻水反应堆中固态燃料的压力低很多，从而极大地减少了像福岛第一核电站发生的那种氢气爆炸的可能性。其次，一旦发生电力供应中断，反应堆内的固态盐就会熔解，液态燃料流入储存池并固化，将裂变反应终止。即使无人看管，熔盐反应堆也是安全的，即使被废弃、没有电力供应，它也会自行冷却并固化。

尽管熔盐反应堆也能以铀或钚为燃料，但是使用低放射性的钍为燃料，并以少量铀或者钚作为催化剂会兼具经济性和安全性。钍的储量是铀的 4 倍，而且更易于开采——部分原因在于它的放射性更低。此外，钍的利用率也比铀高得多。在传统反应堆中，只有 3%～5% 的铀被利用；而在熔盐反应堆中，99%的钍都被利用。

由于燃料利用的高效率，以钍为燃料的熔盐核电站产生的核废料也比现在使用的核电站少得多。铀基核废料在成千上万年内依然是危险的，而钍废料的危险期只有几百年。此外还有一个好处是，钍难以被制作成核武器，即使一个国家储存了大量的钍，也没有什么可担心的。

由于不需要大型冷却塔，因此熔盐反应堆无论是占地面积还是发电能力都要比传统轻水反应堆小。今天的核电站平均发电能力为 1000 兆瓦，而以钍为燃料的熔盐反应堆的发电能力只有约 50 兆瓦。更小型、数量更多的核电站能减少电力在传输过程中的损耗（在今天的电网中，传输造成的损耗高达 30%）。

向新型核电站的过渡将是非常缓慢的。但是在我国，这个速度可能会快很多。2011 年 1 月，我国已经启动了一个以钍为燃料的熔盐反应堆项目。“中国科学院已经证实将在近期——也许不到 10 年——部署熔盐反应堆。”美国橡树岭国家实验室核技术项目办公室的资深项目主管说。这个项目的启动也许将在世界范围内起到示范作用。

二　核聚变有望变为现实

我们在第八章中已比较详细地介绍了核聚变的来龙去脉。就像科学家们预言的那样，人类有望在 21 世纪 30 年代完成受控热核聚变的

研究工作，建成核聚变发电站。一旦能投入商业运行，到了那一天，人类的能源结构将发生根本性的变化，能源枯竭的危险将最终被抛到九霄云外，对人类社会和人类文明均将产生深远的影响！

实际上核聚变在浩瀚的宇宙中是经常发生的一种能量转换过程，亿万颗恒星包括太阳在内，它们所辐射出的能量都是核聚变的结果。在宇宙中轻而易举，无时无刻不在发生的核聚变，在地球上却是久攻不克的顽固技术堡垒！如今，经过人类共同的努力，国际合作的热核聚变试验反应堆（ITER）已经取得巨大的成功，虽然还有很长的路要走，但人们已经看到了“人造太阳”成功的曙光，地球上将升起永不降落的太阳。在地球上核聚变的燃料资源极其丰富，核聚变所释放的能量大，没有放射性污染，对环境无害，是一种难能可贵的清洁能源！

核聚变将给世界带来巨变！

三　期待“夸克”

根据科学家的测算，即使实现了热核聚变反应，在聚变反应中转化成能量的那部分质量，至多不会超过燃料质量的千分之一。有没有可能使更多的质量转化成能量呢？物理学家的回答是：有！从“夸克”中去寻找答案！

“夸克”这一名字，在几十年前就已经在基本粒子物理学的词汇中出现了，它代表了假设存在的一种新粒子！在1963年，有两位理论物理学家不约而同地提出了“夸克”确实存在的见解。他俩认为，夸克是比基本粒子更基本的“基础粒子”，当它们以不同方式组合时，就能形成所谓的“强子”。开始认为有3种夸克，后来又增加了3种，它们是上夸克、下夸克、底夸克、顶夸克、奇异夸克和粲夸克。

说到这里，让我们简要地回顾一下对微观世界的认识过程：科学家们用了2000年的时间才弄清楚所有物质都是由分子组成的，又经过了200年，科学家们发现了原子，再过20年，才恍然大悟，原来原子是由各种基本粒子，即质子、中子和电子组成的。至此门捷列夫

元素周期表才彰显它的功力之深。科学家们也为终于找到了物质的组成之源而抬冠相庆。但到了20世纪50年代初，物理学家们在强大的加速器作用下竟发现了不少新粒子，并用简单的字母加以区分，如δ粒子、Σ粒子，等等，还统称为“超子”，同时对可能产生核作用力的粒子，包括超子等都给起了一个共同的名字叫“强子”，至今强子已超过200种。理论研究还发现，强子可以根据它们的质量、电荷、自旋等性质进行排列组合……

至此，“夸克”和“强子”这两个新名词都出现了，现在要介绍的是：用夸克去分析强子的构成比较妥帖，也取得了成功。比如，质子就是由两个电荷为＋2/3的夸克和一个电荷为－1/3的夸克（夸克是具有分数的一种电荷）组成的。夸克最初仅仅是一种假设，后被理论物理学家盖尔曼在理论上证明其存在，因此他获得了1969年诺贝尔物理学奖。

夸克使人们对其深感兴趣的原因之一是它可能和巨大的能量和动力有关。因此，科学家们积极投入寻找夸克的工作，先是在海洋中找，后又在陨石和宇宙射线中找，结果均一无所获，尽管加速器的功能已更加强大，但夸克却仍然杳无踪影……

闲言碎语又起：有人说夸克只是一种抽象，或许到了新世纪，夸克理论将不复存在；有人还说夸克在原则上是不能发现的，更是找不到的……事实终究胜于雄辩，1984年科学家们采用了间接的手段，终于发现并证明了夸克的存在，经测定，夸克的质量为质子质量的30～50倍。

这就奇怪了，前面曾提到质子是由3个夸克组成的，而夸克居然比质子重数十倍，“大象”难道能钻进“老鼠”的肚子里？或许这正是微观世界的奇妙之处！爱因斯坦的著名质能相当定律认为，如果3个自由夸克合成1个质子，那么它们质量的95%将会转化成能量。这种转化所生成的能量比热核反应所产生的能量要大几千倍。计算表明，用1克夸克所放出的能量与燃烧2500吨石油相当！稍稍回味一下这个庞大的数字，我们定能对能源事业的美妙前景表示由衷的乐

观，这也就是夸克被人们极度重视的根本原因。回想起20世纪初，当证明用1克镭所释放出的热量可以比燃烧1克煤释放出的热量大36万倍时，人们对建造核电站充满了无限的遐想。更进一步的是，人们不是静静等待它自己的衰变而是主动出击去打碎原子核，于是核电站建成了，人们的遐想终于落到了实处，人们从微小的原子核中获得了巨大的能量。

今天，对夸克，情况似乎有相同之处，虽然人们对夸克还有些捉摸不透，但既然它是客观存在的，总有一天人们会找到控制它的方法。到时，夸克，这个不可思议的微观客体，将向人类贡献更大的能量，绝不在核能之下！让我们集中智慧，向夸克发起进攻！

图书在版编目（CIP）数据

话说核能 / 翁史烈主编．—南宁：广西教育出版社，2013.10（2018.1 重印）
（新能源在召唤丛书）
ISBN 978-7-5435-7579-0

Ⅰ．①话… Ⅱ．①翁… Ⅲ．①核能－青年读物②核能－少年读物 Ⅳ．①TL-49

中国版本图书馆 CIP 数据核字（2013）第 286577 号

出 版 人：石立民
出版发行：广西教育出版社
地　　址：广西南宁市鲤湾路 8 号　　邮政编码：530022
电　　话：0771-5865797
本社网址：http: // www.gxeph.com
电子邮箱：gxeph@vip.163.com
印　　刷：广西大华印刷有限公司
开　　本：787mm × 1092mm　1/16
印　　张：12
字　　数：163 千字
版　　次：2013 年 10 月第 1 版
印　　次：2018 年 1 月第 5 次印刷
书　　号：ISBN 978-7-5435-7579-0
定　　价：38.00 元